第2章

Photoshop基本操作

使用Photoshop编辑处理图像文件之前，必须先掌握图像文件的基本操作。本章主要介绍了Photoshop CC 2017中常用的文件操作命令、图像文件的显示、浏览和尺寸的调整，使用户能够更轻、更有效地编辑和处理图像文件。

例2-1 新建图像文件	例2-6 更改图像文件大小
例2-2 打开已有图像文件	例2-7 更改图像文件画布大小
例2-3 存储图像文件	例2-8 使用【选择性粘贴】命令
例2-4 【导航器】面板	例2-9 使用【历史记录】面板
例2-5 更改图像的排列方式	例2-10 制作商业名片

章首导读
以言简意赅的语言表述本章介绍的主要内容。

教学视频
紧密结合光盘，列出本章有同步教学视频的操作案例。

2.2 实例概述
简要描述实例内容，同时让读者明确该实例是否附带教学视频或源文件。

窗口的显示比例、移动画面的显示区域，以便于用户使用于缩放窗口的工具和命令，如切换屏幕。【导航器】面板等。

单击【放大图像在窗口的显示比例（缩小）】按钮，可缩小图像在窗口的显示比例。用户可以使用缩放比例滑块，调整图像窗口的显示比例，向左移动缩放比例滑块，可以缩小画面的显示比例；向右移动缩放比例滑块，可以放大画面的显示比例。在调整画面显示比例的同时，图像窗口的灰色框标将会显示相应的缩放。

【例2-4】在Photoshop CC 2017中，使用【导航器】面板查看图像。

01 选择【文件】|【打开】命令，选择打开图像文件；选择【窗口】|【导航器】命令，打开【导航器】面板。

02 在【导航器】面板的缩放值框中显示了当前图像的缩放比例，在数值框中输入一个数值，可改变图像的缩放比例。

03 在【导航器】面板中单击【放大】按

当窗口中不能显示完整的图像时，光标将会以手形状。单击并拖动鼠标可移动画面，代理预览区域内的图像会显示在文档窗口的中央。

2.2.2 使用【缩放】工具查看
在图像编辑处理的过程中，经常需要对编辑的图像频繁地进行放大或缩小显示，以便于图像的编辑操作。在Photoshop中调整图像面面的显示，可以使用【缩放】工具。【视图】菜单中的相关命令。

使用【缩放】工具与放大或缩小图像。使用【缩放】工具时，每单击一次都会以

操作步骤
图文并茂，详略得当，让读者对实例操作过程轻松上手。

5.4 图章工具
在Photoshop中，使用图章组中的工具也可以通过提取图像中的像素将本来分散的图像数据，将它们从取得的图像应用到其他图像或同一图像的其他位置，以便以复制图像或去除图像中的缺陷。

01 选择【仿制图章】工具，在属性栏中设置一种画笔样式，在【样本】下拉列表中选择【所有图层】选项。

02 按住 Alt 键在要修复图斑附近单击设置取样点，然后在要修复重位放住鼠标左键拖动。

知识点滴
在文中加入大量的知识信息，或是本节知识的重点解析以及难点提示。

进阶技巧
讲述软件操作在实际应用中的技巧，让读者少走弯路、事半功倍。

【例5-7】使用【仿制图章】工具修复图像画面。

01 选择【文件】|【打开】命令，打开图像文件，单击【图层】面板中的【创建新图层】按钮创建新图层。

2.7 疑点解答

问：如何在Photoshop中创建新库？

答：在Photoshop中打开一幅图像文件，然后单击【库】面板右上角的面板菜单按钮，从弹出的菜单中选择【从文档创建新库】命令，或直接单击【库】面板底部的【从文档创建新库】按钮4，打开【创建新库】对话框，输入库的名称，然后单击【创建新库】按钮即可将打开的图像文档中的资源导入到新库中，以便在其他文档中重复使用该资源。

问：如何在Photoshop CC 2017中应用Adobe Stock的模板？

答：Adobe Stock提供了数百万高品质的免版权专业照片、视频、插图和矢量图形。在Photoshop中利用Adobe Stock中丰富的模板和空白模板，可以使用户快速建立不同的创意项目。在Photoshop中的【新建文档】对话框中的右上，选择【模板】选项，在其中可以选择靠近下载的模板选项，选中所需的模板，单击【打开】按钮即可将它打开到工作中。

使用Photoshop CC 2017中的画板

针对设计人员，会发现一个设计项目经常需要多种设备或应用程序的界面。选择Photoshop可以帮助用户快速简化设计过程，在画布上集成合不同设备的多个画板。

在Photoshop中要创建一个带有画板的文档，可以选择【文件】|【新建】命令，打开【新建文档】对话框，选中【画板】复选框，选择预设的画板尺寸，也可设置画布自定义尺寸，然后单击创建【创建】按钮即可。

如果已有文档，可以将图层或组图层快速转换为画板。在已有文档中选中图层组，并在选中的图层组上右击，从弹出的菜单中选择【来自图层组的画板】命令，即可将转换为画板。

疑点解答
对本章内容做扩展补充，同时拓宽读者的知识面。

云视频教学平台

光盘附赠的云视频教学平台能够让读者轻松访问上百 GB 容量的免费教学视频学习资源库。该平台拥有海量的多媒体教学视频，让您轻松学习，无师自通！

单击【云视频教学】按钮

图1

在检查网络连接正常后单击【确定】按钮进入云视频教学平台

图2

在该界面中可以单击想学习的案例标题，即可进入对应的视频播放界面；此外，单击下方的翻页按钮可以查看其他视频教学内容

图4

在主界面中单击您想学习的图书标题，即可进入对应的教学内容界面

图3

进入视频教学界面，单击下方控制条可以控制视频教学的播放

图5

≫ 光盘主要内容

　　本光盘为《入门与进阶》丛书的配套多媒体教学光盘，光盘中的内容包括18小时与图书内容同步的视频教学录像和相关素材文件。光盘采用真实详细的操作演示方式，详细讲解了电脑以及各种应用软件的使用方法和技巧。此外，本光盘附赠大量学习资料，其中包括多套与本书内容相关的多媒体教学演示视频。

≫ 光盘操作方法

　　将DVD光盘放入DVD光驱，几秒钟后光盘将自动运行。如果光盘没有自动运行，可双击桌面上的【我的电脑】或【计算机】图标，在打开的窗口中双击DVD光驱所在盘符，或者右击该盘符，在弹出的快捷菜单中选择【自动播放】命令，即可启动光盘进入多媒体互动教学光盘主界面。

① 进入普通视频教学模式
② 进入自动播放演示模式
③ 阅读本书内容介绍
④ 单击进入云视频教学界面
⑤ 打开赠送的学习资料文件夹
⑥ 打开素材文件夹
⑦ 退出光盘学习

光盘使用说明

普通视频教学模式

图1

单击【学习视频】按钮

- 赛扬 1.0GHz 以上 CPU
- 512MB 以上内存
- 500MB 以上硬盘空间
- Windows XP/Vista/7/8/10 操作系统
- 屏幕分辨率 1024×768 以上
- 8 倍速以上的 DVD 光驱

光盘运行环境

图2

① 单击章节名称

② 单击实例名称

图3

进入普通视频教学界面

控制视频教学播放

自动播放演示模式

图1

单击【自动播放】按钮

图2

进入自动播放视频教学界面，用户无须动手操作，系统将按顺序播放整张光盘

赠送的教学资料

图1

② 打开光盘中教学资料所在文件夹

① 单击【教学资料赠送】按钮

图2
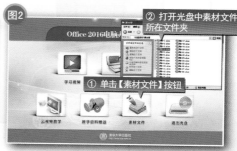

② 打开光盘中素材文件所在文件夹

① 单击【素材文件】按钮

▶ 修复逆光照片

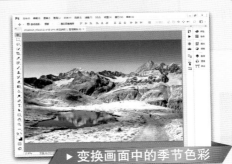
▶ 变换画面中的季节色彩

▶ 消除图像雾霾效果

▶ 快速美白人物牙齿

▶ 修复曝光过度的照片

▶ 使用图层蒙版

▶ 增强画面空间感

▶ 修复曝光不足的照片

▶ 制作创意运动图像

▶ 拼合飞溅水花效果

▶ 制作色彩艳丽的照片效果

▶ 制作图像清新色调效果

▶ 制作逼真油画效果

▶ 制作图像拼合效果

▶ 使用【Camera Raw滤镜】

▶ 保留肤质磨皮法

Photoshop
数码照片处理
入门与进阶 (第2版)

崔洪斌 ◎ 编著

清华大学出版社

北 京

内 容 简 介

本书是《入门与进阶》系列丛书之一。全书以通俗易懂的语言、翔实生动的实例，全面介绍了使用Photoshop CC 2017软件进行数码照片处理的操作技巧和方法。本书共分10章，涵盖了数码照片处理基础知识，数码照片处理基础操作，修复有瑕疵的数码照片，数码照片的色彩校正，快速抠图技法，数码照片的完美合成技法，为数码照片添加艺术特效，人像照片的处理方法，风景照片的美化和增色，轻松编辑RAW格式的照片等内容。

本书内容丰富，图文并茂。全书双栏紧排，全彩印刷，附赠的光盘中包含书中实例素材文件、18小时与图书内容同步的视频教学录像和3～5套与本书内容相关的多媒体教学视频，方便读者扩展学习。此外，光盘中附赠的"云视频教学平台"能够让读者轻松访问上百GB容量的免费教学视频学习资源库。

本书具有很强的实用性和可操作性，是广大电脑初中级用户、家庭电脑用户，以及不同年龄阶段电脑爱好者的首选参考书。

图书在版编目(CIP)数据

Photoshop数码照片处理入门与进阶 / 崔洪斌 编著. —2版. —北京：清华大学出版社，2018

（入门与进阶）

ISBN 978-7-302-48873-6

Ⅰ.①P… Ⅱ.①崔… Ⅲ.①图象处理软件 Ⅳ.①TP391.413

中国版本图书馆CIP数据核字(2017)第287729号

责任编辑：胡辰浩　袁建华
装帧设计：孔祥峰
责任校对：曹　阳
责任印制：杨　艳

出版发行：清华大学出版社
　　　　网　　　址：http://www.tup.com.cn，http://www.wqbook.com
　　　　地　　　址：北京清华大学学研大厦A座　　　邮　　编：100084
　　　　社 总 机：010-62770175　　　邮　　购：010-62786544
　　　　投稿与读者服务：010-62776969，c-service@tup.tsinghua.edu.cn
　　　　质 量 反 馈：010-62772015，zhiliang@tup.tsinghua.edu.cn
印 装 者：三河市君旺印务有限公司
经　　销：全国新华书店
开　　本：150mm×215mm　印 张：16.75　插 页：4　字 数：429千字
　　　　（附光盘1张）
版　　次：2013年8月第1版　2018年1月第2版　印　次：2018年1月第1次印刷
印　　数：1~3500
定　　价：48.00元

产品编号：062145-01

前言

　　熟练操作电脑已经成为当今社会不同年龄层次的人群必须掌握的一门技能。为了使读者在短时间内轻松掌握电脑各方面应用的基本知识，并快速解决生活和工作中遇到的各种问题，清华大学出版社组织了一批教学精英和业内专家特别为电脑学习用户量身定制了这套《入门与进阶》系列丛书。

丛书、光盘和网络服务

　　◎ **双栏紧排，全彩印刷，图书内容量多实用**　本丛书采用双栏紧排的格式，使图文排版紧凑实用，其中260多页的篇幅容纳了传统图书一倍以上的内容。从而在有限的篇幅内为读者奉献更多的电脑知识和实战案例，让读者的学习效率达到事半功倍的效果。

　　◎ **结构合理，内容精炼，案例技巧轻松掌握**　本丛书紧密结合自学的特点，由浅入深地安排章节内容，让读者能够一学就会、即学即用。书中的范例通过添加大量的"知识点滴"和"进阶技巧"的注释方式突出重要知识点，使读者轻松领悟每一个范例的精髓所在。

　　◎ **书盘结合，互动教学，操作起来十分方便**　丛书附赠一张精心开发的多媒体教学光盘，其中包含了18小时左右与图书内容同步的视频教学录像。光盘采用真实详细的操作演示方式，紧密结合书中的内容对各个知识点进行深入的讲解。光盘界面注重人性化设计，读者只需要单击相应的按钮，即可方便地进入相关程序或执行相关操作。

　　◎ **免费赠品，素材丰富，量大超值实用性强**　附赠光盘采用大容量DVD格式，收录书中实例视频、源文件以及3～5套与本书内容相关的多媒体教学视频。此外，光盘中附赠的云视频教学平台能够让读者轻松访问上百GB容量的免费教学视频学习资源库，在让读者学到更多电脑知识的同时真正做到物超所值。

　　◎ **在线服务，贴心周到，方便老师定制教案**　本丛书精心创建的技术交流QQ群(101617400、2463548)为读者提供24小时便捷的在线交流服务和免费教学资源；便捷的教材专用通道(QQ：22800898)为老师量身定制实用的教学课件。

本书内容介绍

　　《Photoshop数码照片处理入门与进阶(第2版)》是《入门与进阶》丛书中的一本，该书从读者的学习兴趣和实际需求出发，合理安排知识结构，由浅入深、循序渐进，通过图文并茂的方式讲解Photoshop数码照片处理的各种操作技巧和方法。全书共分为10章，主要内容如下。

　　第1章：介绍数码照片处理的相关知识以及Photoshop基础知识。
　　第2章：介绍数码照片处理的基础操作。
　　第3章：介绍修复有瑕疵的数码照片的方法。
　　第4章：介绍数码照片的色彩校正。

第5章：介绍使用Photoshop快速抠取图像的方法。
第6章：介绍使用Photoshop合成数码照片的方法。
第7章：介绍为数码照片添加艺术特效的方法。
第8章：介绍人像照片的处理方法。
第9章：介绍风景照片的处理方法。
第10章：介绍RAW格式照片的编辑处理方法。

读者定位和售后服务

　　本书具有很强的实用性和可操作性，是广大电脑初中级用户、家庭电脑用户，以及不同年龄阶段电脑爱好者的首选参考书。

　　如果您在阅读图书或使用电脑的过程中有疑惑或需要帮助，可以登录本丛书的信息支持网站(http://www.tupwk.com.cn/improve3)或通过E-mail(wkservice@vip.163.com)联系，本丛书的作者或技术人员会提供相应的技术支持。

　　除封面署名的作者外，参加本书编写的人员还有陈笑、孔祥亮、杜思明、高娟妮、熊晓磊、曹汉鸣、何美英、陈宏波、潘洪荣、王燕、谢李君、李珍珍、王华健、柳松洋、陈彬、刘芸、高维杰、张素英、洪妍、方峻、邱培强、顾永湘、王璐、管兆昶、颜灵佳、曹晓松等。由于作者水平所限，本书难免有不足之处，欢迎广大读者批评指正。我们的邮箱是huchenhao@263.net，电话是010-62796045。

　　最后感谢您对本丛书的支持和信任，我们将再接再厉，继续为读者奉献更多更好的优秀图书，并祝愿您早日成为电脑应用高手！

《入门与进阶》丛书编委会
2017年10月

第1章　数码照片处理基础知识

第2章　数码照片处理基础操作

Photoshop数码照片处理 入门与进阶 (第2版)

第3章 修复有瑕疵的数码照片

第4章 数码照片的色彩校正

第5章 快速抠图技法

第6章 数码照片的完美合成技法

第7章　为数码照片添加艺术特效

第8章　人像照片的处理方法

第9章　风景照片的美化和增色

第10章　轻松编辑Raw格式的照片

第1章

数码照片处理基础知识

本章简单介绍了数码照片后期处理基础知识以及Photoshop的工作界面。通过本章的学习，用力能够掌握数码照片处理的基础知识，为日后创作打下坚实基础。

对应光盘视频

例1-1　使用Bridge浏览照片　　　　例1-4　重命名照片
例1-2　搜索文件和文件夹　　　　　　例1-5　快速备份照片
例1-3　筛选照片

1.1 数码照片处理的相关知识

使用数码相机拍摄照片后，需要以数字图像形式传输到计算机中进行处理。计算机中的图像分为位图和矢量图两种类型，数码照片属于位图图像。在学习如何进行数码照片处理之前，需要先了解一些关于数码照片的基础知识。

1.1.1 关于位图

位图图像是由许多像素点组成的图像，可以有效地表现阴影和颜色的细节层次。在技术上，位图又被称为栅格图像。因此，位图图像质量与分辨率有着密切的关系，如果在屏幕上以较大的倍数放大显示，或以过低的分辨率打印，位图图像会出现锯齿状的边缘，丢失细节。

进阶技巧

位图图像可以在不同软件之间进行交换。但位图图像文件容量较大，对内存和硬盘的要求较高。

1.1.2 什么是像素

像素是按相机中光电传感器上的光敏元件数目所决定的。一个光敏元件对应一个像素，因此光敏元件越多，像素越多，拍摄出的照片越细腻、清晰。

在Photoshop中，像素(Pixel)是组成图像的最基本单元，它是一个小的矩形颜色块。一幅图像通常由许多像素组成，这些像素被排成横行或纵列。当使用【缩放】工具将图像放到足够大时，就可以看到类似马赛克的效果，每一个小矩形块就是一个像素，也可以称为栅格。每个像素都有不同的颜色值，单位长度内的像素越多，分辨率(ppi)越高，图像的效果就越好。

1.1.3 数码照片的分辨率

分辨率指的是单位面积中，所表示的像素数目。照片的分辨率决定了所拍摄照片最终能打印出的照片大小和清晰度以及在计算机显示器上所能显示的画面大小和清晰度。

进阶技巧

相机分辨率的高低取决于相机中CCD像素的多少，像素越多，照片的分辨率就越高。

图像分辨率的单位是ppi(pixels per inch)，即每英寸所包含的像素数量。如果图像分辨率是72ppi，就是在每英寸长度内包含72像素。图像分辨率越高，意味着每英寸所包含的像素越多，图像就有越多的细节，颜色过渡就越平滑。图像分辨率和图像大小之间有着密切的关系。图像分辨率越高，所包含的像素越多，图像的信息量就越大，因而文件也就越大。

1.1.4 常用的颜色模式

颜色模式决定了用来显示和打印所处理的数码照片颜色的方法，只有了解颜色模式才能精确地修饰和制作数码照片。Photoshop中提供了多种不同的颜色模式，选择【图像】|【模式】命令，在打开的子菜单中即可选择需要的颜色模式。常

见的颜色模式有：位图模式、灰度模式、RGB模式、CMYK模式、Lab模式和多通道模式。

1 位图模式

位图模式使用两种颜色(黑和白)来表示图像中的像素。位图模式的图像也叫作黑白图像。

2 灰度模式

灰度模式可以使用多达256级灰度来表现图像，使图像的过渡更平滑细腻。灰度图像的每个像素有一个0(黑色)到255(白色)之间的亮度值。灰度值也可以用黑色油墨覆盖的百分比来表示(0%表示白色，100%表示黑色)。所谓灰度色，就是指纯白、纯黑以及两者中的一系列从黑到白的过渡色。平常所说的黑白照片、黑白电视，实际上都应该称为灰度色才确切。灰度色中不包含任何色相，即不存在红色、黄色这样的颜色。但灰度色隶属于RGB色域(色域指色彩范围)。

选择【图像】|【模式】|【灰度】命令，会弹出提示对话框，单击【扔掉】按钮，即可将图像转换为灰度模式。

3 双色调模式

双色调模式通过1至4种自定油墨创建

单色调、双色调(两种颜色)、三色调(3种颜色)和四色调(4种颜色)的灰度图像。对于用专色的双色打印输出，双色调模式增大了灰色图像的色调范围。因为，双色调使用不同的彩色油墨重现不同的灰阶。

4 索引模式

索引模式可生成最多256种颜色的8位图像文件。当转换为索引颜色时，Photoshop将构建一个颜色查找表，用于存放并索引图像中的颜色。如果原图像中的某种颜色没有出现在该表中，则程序将选取最接近的一种，或使用仿色以现有颜色来模拟该颜色。

选择【图像】|【模式】|【索引颜色】命令，打开【索引颜色】对话框，设置该对话框中的各项参数，然后单击【确定】按钮，即可将图像转换为索引模式。

5 RGB模式

RGB颜色模式是Photoshop默认的图像模式，它由红(R)、绿(G)和蓝(B)3种基本颜色组合而成。通常，该颜色模式是首选的模式，因为它提供的功能最多且操作最为灵活，除此之外，它还拥有一个比其他大多数模式更为宽广的色域。

RGB模式是基于自然界中3种基色光的混合原理，将红(R)、绿(G)和蓝(B)3种基色按照从0(黑)到255(白色)的亮度值在每个色阶中分配，从而指定其色彩。当不同亮度的基色混合后，便会产生出256×256×256种颜色，约为1670万种。

6 CMYK模式

CMYK颜色模式是一种基于印刷处理的颜色模式。和RGB类似，CMY是由3种印刷油墨名称的首字母组成：青色(Cyan)、洋红色(Magenta)、黄色(Yellow)。而K取的是Black最后一个字母，之所以不取首字母，是为了避免与蓝色(Blue)混淆。CMYK模式在本质上与RGB模式没有什么区别，只是产生色彩的原理不同，在RGB模式中由光源发出的色光混合生成颜色，而在CMYK模式中，由光线照到有不同比例C、M、Y、K油墨的纸上，部分光谱被吸收后，反射到人眼的光产生颜色。

7 Lab模式

Lab颜色模式是以一个亮度分量L及两个颜色分量a和b来表示颜色的。其中L的取值范围是0~100，a分量代表由绿色到红色的光谱变化，而b分量代表由蓝色到黄色的光谱变化，a和b的取值范围均为-120~120。Lab模式所包含的颜色范围最广，能够包含所有的RGB和CMYK模式

中的颜色。所以用户在转换不同颜色模式时会以Lab为中介，这样就会尽可能少地减少颜色损失。

8 多通道模式

多通道颜色模式是一种减色模式，因为若将一个RGB文件转换为多通道文档，只能得到青色、洋红和黄色通道。

若将彩色图像的一个或多个通道删除，颜色模式将会自动转换为只包含剩余原色的多通道模式。该颜色模式多用于特殊打印。

1.1.5 常用的图像格式

随着印刷数字化进程的加快，数码相机已逐渐成为印刷前主要的图像输入设备之一。数码相机所采集的信息量极大地影响着后续的图像处理效果，而影响信息量的一个主要因素是数码照片所使用的存储格式。

1 JPEG格式

JPEG格式是最常见的一种文件格

式，是印刷品和互联网发布的图像文件的主要格式。JPEG格式能很好地再现全彩图像，适合摄影图像的存储。同时，JPEG格式是一种有损压缩格式，能够将图像压缩在很小的储存空间，图像中重复或不重要的资料会被丢失，因此容易造成图像数据的损伤。尤其是使用过高的压缩比例，将使最终图像质量明显降低。如果追求高品质图像，不宜采用过高的压缩比例。

2　TIFF格式

一般来说，如果拍摄的数码照片用于印刷出版，那么采用非压缩格式的TIFF格式是最好的。TIFF格式是高像质的具有压缩系数型的图像记录格式。如果说JPEG是面向大众的通用格式。TIFF则是高端世界的标准格式。其文本尺寸大，数据的写入、取出比其他格式费时。

3　RAW格式

RAW格式并非是一种图像格式，它不能直接编辑。RAW格式是CCD或CMOS在将光信号转换为电信号时的电平高低的原始记录，单纯地将数码相机内部没有经过处理的图像数据进行数字化处理得到的。RAW数据只能保存在硬盘中，利用相关的RAW处理软件将其转换成JPEG、TIFF格式。进行转换时，用户可任意设置白平衡等参数，调整曝光补偿余地比JPEG、TIFF大，效果也好。JPEG

为2.2 MB文件大小，而RAW格式可能需要6~7MB。所以说，RAW格式是追求高画质的专业摄影的必然选择，而对于普通老百姓的家庭摄影，RAW格式过于奢侈了。

4　PSD格式

PSD格式是Photoshop软件的专用图像文件格式，它能保存图像数据的每一个小细节，可以存储成RGB或CMYK颜色模式，也能自定义颜色数目进行存储，它能保存图像中各图层的效果和相互关系，各图层之间相互独立，以便于对单独的图层进行修改和制作各种特效。其唯一缺点就是占用的存储空间较大。

5　BMP格式

BMP格式是标准的Windows及OS/2平台上的图像文件格式，Microsoft的BMP格式是专门为【画笔】和【画图】程序建立的。这种格式支持1~24位颜色深度，使用的颜色模式可为RGB、索引颜色、灰度和位图等，且与设备无关。

6　GIF格式

GIF格式是由CompuServe公司提供的一种图像格式。由于GIF格式可以用LZW方式进行压缩，所以它被广泛应用于通信领域和HTML网页文档中。不过，这种格式仅支持8位图像文件。

1.2　数码照片的获取与管理

在数码照片拍摄完毕后，想要进行欣赏、存储或编辑都需要将拍摄的照片传输到计算机中。将数码照片存储到计算机中后，还可以使用Adobe Bridge浏览并管理数码照片。

1.2.1　导入数码照片文件

使用数码相机对应的数据线将数码相机与计算机进行连接，进行数码照片的传输是最常用的输入方法。

按照数码相机说明书上的方式连接相机与计算机，设备响应后会弹出一个选择启动程序的菜单，选择【导入图片和视频】选项，然后单击【确定】按钮在资源管理器中显示数码相机存储卡。在存储卡中选择照片所在文件夹，即可将照片导入到计算机中。

进阶技巧

除了直接从数码相机中下载照片外，用户还可以从相机中取出存储卡，将其放置在读卡器中，然后连接到计算机的USB接口上，将存储卡中的照片导入计算机中。

1.2.2 使用Adobe Bridge

Adobe Bridge是一款功能强大、易于使用的跨平台应用程序。将数码照片存储到计算机后，可以使用Adobe Bridge帮助用户查找、组织和浏览在图像编辑、创建Web或视频时所需的照片资源。

当系统安装完Adobe Bridge后会自动在【开始】菜单中设置一个程序快捷方式，用户只需执行【开始】|【所有程序】|Adobe Bridge CC 2017命令即可启动该应用程序。其操作界面包括标题栏、菜单栏、工具栏、文件路径栏、控制面板、文件预览窗口、预览方式选项

组、图像查看方式选项组等组成。下面分别介绍界面中各个部分的功能及其使用方法。

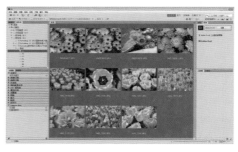

● 标题栏：标题栏中会显示当前界面的名称，右上角包括【最小化】、【最大化】和【关闭】按钮。

● 菜单栏：菜单栏中包括8个菜单选项，分别为【文件】、【编辑】、【视图】、【堆栈】、【标签】、【工具】、【窗口】和【帮助】菜单。单击各菜单，可在弹出的子菜单中执行相关命令。

● 工具栏：工具栏中显示常用的工具选项，单击相应的按钮可执行相关操作。

● 文件路径栏：文件路径栏中显示当前打开的文件路径，也可通过此处选择需要打开的文件路径。

● 控制面板：左侧控制面板中包含了4个控制面板，分别为【收藏夹】、【文件夹】、【过滤器】和【收藏集】面板，单击各面板标签，即可切换到相应面板，对照片进行详细的设置。右侧控制面板中包括4个面板选项，分别为【预览】、【发布】、【元数据】和【关键字】面板。单击各面板标签，即可切换到相应面板，对照片进行详细的设置。

● 【内容】窗口：【内容】窗口中显示当前路径中包含的照片文件。选中一幅照片文件，单击【预览】面板中的缩略图即可开启放大镜功能，拖动放大镜即可移动放大显示区域。

IMG_7240.JPG (100%)

知识点滴

【收藏夹】面板用于快速访问经常浏览的文件夹。【文件夹】面板用于显示文件夹的层次结构。【过滤器】面板可以排序和筛选【内容】窗口中的文件。【收藏集】面板用于创建、查找和打开收藏集和智能收藏集。【预览】面板显示所选的一个或多个文件的预览图。【元数据】面板用于显示所选文件的元数据信息。【关键字】面板可以通过附加关键字来组织图像。

1 使用Adobe Bridge浏览照片

若要在Adobe Bridge中打开图像文件，首先要启动Adobe Bridge应用程序。在Photoshop中，可以选择菜单栏中的【文件】|【在Bridge中浏览】命令，或按快捷键Alt+Ctrl+O键启动Bridge应用程序。若要打开图像文件可以直接在左侧的【文件夹】面板中选择文件所在的位置，即可查看图像文件。

选择Bridge菜单栏中的【文件】|【打开】命令，或直接在查看的图像上双击，即可将图像直接在Photoshop应用程序中打开，进行下一步编辑处理。

【例1-1】使用Bridge浏览照片。
🎬视频+素材 (光盘素材\第01章\例1-1)

01 在Photoshop中，选择【文件】|【在

Bridge中浏览】命令，打开Adobe Bridge工作界面。

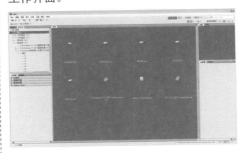

02 选择【收藏夹】面板中的【计算机】选项，双击打开有数码照片的磁盘。打开磁盘中的文件夹，此时文件夹中的数码照片显示在Bridge窗口中。

03 单击工具栏右侧的【胶片】按钮，设置为【胶片】预览方式后，在【内容】窗口中单击照片，即可将选定的照片放大显示在【预览】面板中。

04 单击另一张数码照片缩览图，可切换照片的显示。

05 在工具栏中，单击【顺时针旋转90度】按钮，即可将照片顺时针旋转90°。

2 搜索文件和文件夹

在Bridge窗口中，用户可以快速地搜索到需要预览的数码照片文件夹或照片文件，极大地节省了用户的操作时间。

【例1-2】搜索文件和文件夹。
视频+素材 (光盘素材\第01章\例1-2)

01 打开Bridge窗口后，在【文件夹】面板中选择所需文件夹所在位置。

02 打开文件夹后，在搜索文本框单击🔍图标，从弹出的下拉列表中选择【Bridge搜索：当前文件夹】选项，然后输入需要查

找的文件夹名称"object"。

03 按Enter键即可快速找到文件夹，此时，双击文件夹，即可打开文件夹中的照片。打开文件夹后，文件夹中的照片将显示在【内容】窗口中。

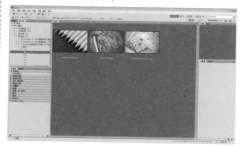

3 排序文件

在Adobe Bridge中，用户可以非常方便、快速地按文件名、类型、创建日期、修改日期、大小、尺寸、评级等不同形式组织、浏览和管理图像文件，使大量的文件快速分解到较小的、更易于管理的文件组内。

【例1-3】使用Bridge对文件夹中的照片进行筛选。
视频+素材 (光盘素材\第01章\例1-3)

01 启动Bridge应用程序，选择需要排序的素材文件夹。

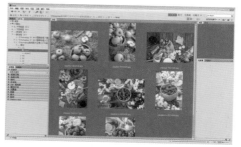

02 在工作区右下角单击【以详细信息形式查看内容】按钮，然后向左拖动【缩放】滑块调整缩览图。

①单击

03 按住Ctrl键，并单击选中工作区中几幅图像文件。选择菜单栏中的【标签】|【选择】命令，或按快捷键Ctrl+6键，为选中的图像文件添加标签。

①设置

04 按住Ctrl键，并单击选中工作区中几幅图像文件，并按Ctrl+5键，为选中的图像文件评定星级。

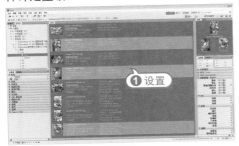

①设置

05 在工作区右下角单击【以缩览图形式查看内容】按钮，在【过滤器】面板中，单击【标签】下拉列表中的【无标签】选项，在工作区中只显示未添加过【选择】标签的图像。

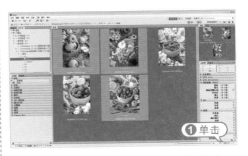

①单击

06 选择【视图】|【排序】|【按评级】命令，在工作区中按照星级从低到高，对图像文件进行排序。

知识点滴

直接在图像文件缩览图的标签上单击【小点】，可以评定图像文件的星级。另外，若要评定星级，还可以选择菜单栏中【标签】命令下的相应星级，或是直接使用键盘快捷键评定星级。

4 批量重命名照片

将数码照片导入计算机中后，用户可以在Adobe Bridge中，对照片进行批量重命名操作。

【例1-4】使用Bridge应用程序重命名选中的照片文件。

▶视频+素材 (光盘素材\第01章\例1-4)

01 在Bridge窗口中，选择需要重命名的素材文件所在文件夹。在【内容】窗口中，按Ctrl键并单击将图像文件选中。

①选中

02 选择【工具】|【批重命名】命令，打开【批重命名】对话框。在对话框的【新文件名】选项组中，输入新文件名称。可以在【批重命名】对话框底部的【预览】区中看到修改前后文件名称的变化。

①设置

03 在对话框的【目标文件夹】选项组中，选中【复制到其他文件夹】单选按钮。

①选中

04 单击【浏览】按钮，在弹出的【浏览文件或文件夹】对话框中选择所需的文件夹，然后单击【确定】按钮。

①选中

②单击

05 单击【批重命名】对话框中的【重命令】按钮可以应用设置并关闭对话框。这时，在工作区中打开选择存储的文件夹，即可查看重命名并复制后的图像文件。

知识点滴

在【批重命名】对话框的【目标文件夹】选项组中，选中【在同一文件夹中重命名】复选框，可以将文件重命名，并覆盖原有文件；选中【移动到其他文件夹】复选框，可以将重命名的文件放置到其他文件夹中，并从原文件夹中移除；选中【复制到其他文件夹】复选框，可以将重命名的文件复制并放置到其他文件夹中。

5 备份数码照片

为了保留原照片，可以通过复制照片的形式备份照片，然后在复制的照片中对照片进行处理。

【例1-5】快速备份照片。
视频+素材 (光盘素材\第01章\例1-5)

01 在Bridge窗口中，选择需要备份的照片文件所在文件夹。

02 在【内容】窗口中选择需要备份的照片文件，右击鼠标，在弹出的快捷菜单中选择【拷贝】命令。

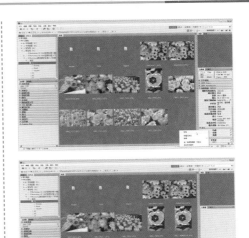

03 将鼠标移至【内容】窗口的空白区域，右击鼠标，在弹出的快捷菜单中选择【粘贴】命令。

04 执行【粘贴】命令后，在该文件夹中会生成一个副本图像。

1.3 Photoshop快速掌握

  Adobe Photoshop是最为流行的图形图像编辑处理应用程序。使用Photoshop软件强大的图像修饰和色彩调整功能，可修复图像素材的瑕疵，调整素材图像的色彩和色调，并且可以自由合成多张图像素材从而获得满意的图像效果。Photoshop CC 2017中包含了大量操作简单、设计人性化的工具、操作命令和滤镜效果。用户可以根据所处理照片的需求，选择需要的工具或命令。

1.3.1 熟悉工作界面

  启动Adobe Photoshop CC 2017应用程序后，打开任意图像文件，即可显示【基本功能】工作区。其工作区由菜单栏、控制面板、工具面板、面板、文档窗口和状态栏等部分组成。下面将分别介绍工作区中各个部分的功能及其使用方法。

1 菜单栏

  菜单栏是Photoshop中的重要组成部分。Photoshop CC 2017按照功能分类，提供了【文件】、【编辑】、【图像】、【图层】、【文字】、【选择】、【滤镜】、【3D】、【视图】、【窗口】和【帮助】11个命令菜单。

Ps 文件(F) 编辑(E) 图像(I) 图层(L) 文字(Y)

选择(S) 滤镜(T) 3D(D) 视图(V) 窗口(W) 帮助(H)

  用户只要单击其中一个菜单，随即会出现相应的下拉式命令菜单。在弹出的菜单中，如果命令显示为浅灰色，则表示该命令目前状态为不可执行；命令右方的字母组合代表该命令的键盘快捷键，按下相应的快捷键即可快速执行该命令；若命令后面带省略号，则表示执行该命令后，工作区中将会显示相应的设置对话框。

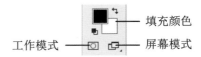

知识点滴

有些命令只提供了快捷键字母，要通过快捷键方式执行命令，可以按下Alt键+主菜单的字母，再按下命令后的字母，执行该命令。

2　工具面板

在Photoshop工具面板中，包含很多工具图标。其中工具依照功能与用途大致可分为选取、编辑、绘图、修图、路径、文字、填色以及预览类工具。

用鼠标单击工具面板中的工具按钮图标，即可选中并使用该工具。如果某工具按钮图标右下方有一个三角形符号，则代表该工具还有弹出式的工具。

单击该工具按钮则会出现一个工具组，将鼠标移动到工具图标上即可切换不同的工具，也可以按住Alt键单击工具按钮图标以切换工具组中不同的工具。另外，选择工具还可以通过快捷键

来执行，工具名称后的字母即是工具快捷键。

工具面板底部还有3组设置。填充颜色控制支持用户设置前景色与背景色；工作模式控制用来选择以标准工作模式还是快速蒙版工作模式进行图像编辑；屏幕模式控制用来切换屏幕模式。

填充颜色
工作模式　　屏幕模式

3　控制面板

控制面板在Photoshop的应用中具有非常关键的作用，它位于菜单栏的下方，当选中工具面板中的任意工具时，控制面板就会显示相应的工具属性设置选项，用户可以很方便地利用它来设置工具的各种属性。

在控制面板中设置完参数后，如果想将该工具控制面板中的参数恢复为默认值，可以在工具控制面板左侧的工具图标处右击鼠标，在弹出的菜单中选择【复位工具】命令，即可将当前工具控制面板中的参数恢复为默认值。如果想将所有工具控制面板的参数恢复为默认设置，可以选择【复位所有工具】命令。

4　面板

面板是Photoshop工作区中最常使用的组成部分。通过面板可以完成图像编辑处理时命令参数的设置和图层、路径、通道编辑等操作。

打开Photoshop后，常用面板会停放在工作区右侧的面板组堆栈中。另外一些未显示的面板，可以通过选择【窗口】菜单中相应的命令使其显示在操作窗口内。

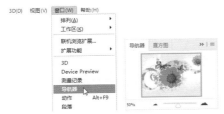

对于暂时不需要使用的面板，可以将其折叠或关闭以增大文档窗口显示区域的面积。单击面板右上角的 ▸▸ 按钮，可以将面板折叠为图标状。再次单击面板右上角的 ◂◂ 按钮可以再次展开面板。

要关闭面板，用户可以通过面板菜单中的【关闭】命令关闭面板，或选择【关闭选项卡组】命令关闭面板组。

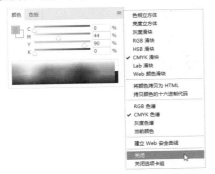

Photoshop中将二十几个功能面板进行了分组。显示的功能面板会被拼贴在固定区域。如果要将面板组中的面板移动到固定区域之外，可以使用鼠标单击面板选项卡，并按住鼠标左键将其拖动到面板组以外，即可将该面板变成浮动式面板放置在工作区中的任意位置。

在一个独立面板的选项卡名称位置处单击并按住鼠标，然后将其拖动到另一个面板上，当目标面板周围出现蓝色的边框时释放鼠标，即可将两个面板组合在一起。

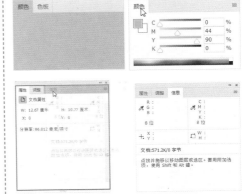

为了节省空间，还可以将组合的面板停靠在右侧工作区的边缘位置，或与其他的面板组停靠在一起。

拖动面板组上方的标题栏或选项卡位置，将其移动到另一组或一个面板边缘位置，当看到一条垂直的蓝色线条时，释放鼠标即可将该面板组停靠在其他面板或面板组的边缘位置。

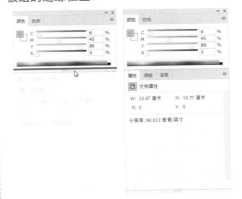

5 文档窗口

文档窗口是图像内容的所在位置。打开的图像文件默认以选项卡模式显示在工作区中，其上方的标签会显示图像的相关信息，包括文件名、显示比例和颜色模式等。

默认状态下，打开的文档窗口处于合并状态，可以通过拖动的方法将其变成浮动状态。如果当前文档窗口处于浮动状态，也可以通过拖动将其变成合并状态。

将光标移动到文档窗口选项卡位置，按住鼠标向外拖动，然后释放鼠标即可将其由合并状态变成浮动状态。

当文档窗口处于浮动状态时，将光标移动到文档窗口标题栏位置，按住鼠标将其向工作区边缘靠近，当工作区边缘出现蓝色边框时，释放鼠标，即可将文档窗口由浮动状态变为合并状态。

除了使用拖动的方法来浮动或合并文档窗口外，还可以使用菜单命令来快速合

并或浮动文档窗口。选择【窗口】|【排列】命令，在其子菜单中选择【在窗口中浮动】、【使所有内容在窗口中浮动】或【将所有内容合并到选项卡中】命令，可以快速将单个或所有文档窗口在工作区中浮动，或将所有文档窗口合并到工作区中。

6 状态栏

状态栏位于文档窗口的底部，用于显示如当前图像的缩放比例、文件大小以及有关当前使用工具的简要说明等信息。

16.67%　　文档:95.2M/95.2M　　>

在状态栏最左端的文本框中输入数值，然后按下Enter键，可以改变图像在文档窗口的显示比例。单击右侧的按钮，从弹出的菜单中可以选择状态栏将显示的说明信息。

1.3.2 自定义工作区

在Photoshop CC 2017中，提供了多种不同功能的预置工作区。可以选择【窗口】|【工作区】命令中的子菜单，或是在工具控制面板的右侧，单击【选择工作区】按钮，从弹出的下拉列表中选择适合的工作区。

如果经常使用一些菜单命令或工具，则可通过【编辑】|【菜单】或【键盘快捷键】命令，将菜单命令定义为彩色，或使用键盘快速选择工具。

1.4 疑点解答

● 问：如何在Adobe Bridge中建立文件堆栈？

答：将图像文件传输到计算机中并经过初步筛选后，对留下的文件进行分类整理的工作，将相关的图像整理成堆栈，如将包含曝光连拍的图像整理成一组，这样做不仅可以让【内容】窗口看起来井然有序，在选取操作上也会更便利。

启动Adobe Bridge后，在【文件夹】面板中选中所需的文件夹，在【内容】窗口中选取其中一组类似的要组成堆栈的图像文件。选择【堆栈】|【归组为堆栈】命令，或按Ctrl+G键将选中的图像归成一组。

单击堆栈左上角的数字标签，将折叠的堆栈展开。在【内容】窗口中选中堆栈外的文件，将其拖动到堆栈上释放，即可将选中的文件添加到堆栈中。

选择【堆栈】|【自动堆栈全景图/HDR】命令，Bridge会自动开始评估图像的关联性，自动将预备用来拼接图或合成HDR(高动态范围)的图像文件组成堆栈。

若要同时展开或折叠多个堆栈，可以选择【堆栈】|【展开所有堆栈】或【折叠所有

堆栈】命令。若要取消堆栈，先选中堆栈中的所有文件，然后选择【堆栈】|【取消堆栈】命令。若只选中堆栈中的一个文件，则只会将该文件移至堆栈之外。

问：如何在Adobe Bridge中为图像添加关键字？

答：添加关键字可以有助于文件的分类排序，提高筛选、查找文件的效率。在【内容】窗口空白处单击，在【关键字】面板中单击【新建关键字】按钮，如输入关键字"food"。选择"food"关键字组，单击【新建组子关键字】按钮，输入子关键字名称"apple"。

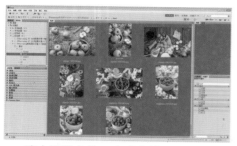
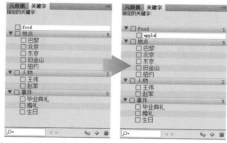

选中图像文件，在【关键字】面板中选中关键字，在选中图像文件上套用关键字。在【过滤器】面板中可以查看已添加关键字的图片数量，然后在【关键字】列表中单击apple关键字，即可显示添加了关键字的图片。

问：如何使用Adobe Bridge将图像在Photoshop中打开？

答：在Adobe Bridge中，选中需要在Photoshop中打开的图像，可以双击该图像将其直接在Photoshop中打开；可以右击该图像，从弹出的快捷菜单中选择【打开方式】|【Adobe Photoshop CC 2017(默认)】命令将其在Photoshop中打开。

第2章

数码照片处理基础操作

使用Photoshop编辑处理数码照片之前，必须先掌握图像文件的基本操作。本章主要介绍了Photoshop中常用的文件操作命令、图像的显示和浏览、尺寸的调整及图像变形的校正等内容，使用户能够更好、更有效地处理图像文件。

对应光盘视频

2.1 照片文档的基础操作

若要处理数码照片，首先要掌握Photoshop应用程序中图像文档的基本操作。图像文件的基本操作包括新建、打开、存储和关闭等命令。执行相应命令或使用相应快捷键，可以使用户便利、高效地完成操作。

2.1.1 打开数码照片

若要处理一张数码照片文件，首先要做的就是在Photoshop中打开它。在Photoshop CC 2017中，可以使用多种方法打开照片图像。

启动Photoshop CC 2017后，在【开始】工作区中单击【打开】按钮，或选择菜单栏中的【文件】|【打开】命令，或按Ctrl+O快捷键，打开【打开】对话框。在对话框中，选择需要打开的图像文档，然后单击【打开】按钮即可。

此外，还可以在启动Photoshop后，直接从计算机的资源管理器中将照片文件拖放到Photoshop工作区的窗口中来打开数码照片文件。

【例2-1】打开数码照片。
🎬 视频+素材 (光盘素材\第02章\例2-1)

◀━━━━━━━━━━━━━━

01 在Photoshop中，选择菜单栏中的【文件】|【打开】命令，或按Ctrl+O快捷键，弹出【打开】对话框。在对话框中的【组织】列表框中，选择图像文件的位置。

02 在该对话框中，单击【文件类型】下拉列表选择文件类型，然后选择要打开的照片图像文件。

03 单击对话框中的【打开】按钮，即可在Photoshop工作区中打开照片图像。

进阶技巧

用户可以在【打开】对话框的文件列表框中按住Shift键选中连续排列的多个图像文件，或是按住Ctrl键选中不连续排列的多个图像文件，然后单击【打开】按钮在文档窗口中打开多个图像文件。

2.1.2 创建新文档

要新建图像文档，可以在【开始】工作区中单击【新建】按钮，或选择菜单栏

中的【文件】|【新建】命令，或按Ctrl+N快捷键，打开【新建文档】对话框。

【例2-2】在Photoshop CC 2017中，根据设置新建图像文件。 🎬 视频▸

01 打开Photoshop CC 2017，在【开始】工作区中单击【新建】按钮，打开【新建】对话框。

02 在对话框的【名称】文本框中输入"32开"，在【宽度】和【高度】单位下拉列表中选中【毫米】，然后在【宽度】数值框中设置数值为185，在【高度】数值框中设置数值为130；在【方向】选项下单击【横向】图标；在【分辨率】数值框中设置数值为300；单击【颜色模式】下拉列表，选择【CMYK颜色】。

03 单击【新建文档】对话框中的【存储预设】按钮，在显示的【保存文档预设】选项中，输入文档预设名称"32开"，然后单击【保存预设】按钮。

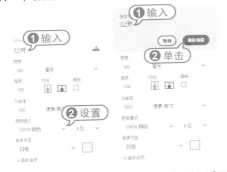

04 此时，可以在【已保存】选项中看到刚存储的文档预设。

05 设置完成后，单击【创建】按钮创建新文档。

2.1.3 置入素材图像

在Photoshop中编辑数码照片时，可以通过置入的方法在当前图像文件中嵌入或链接智能对象图层。智能对象图层将保留图像的源内容及其所有原始数据，从而可以使用户能够对图层执行非破坏性的编辑。在图像文件中要置入智能对象，可以用以下两种方法。

🍭 使用【文件】|【置入嵌入的智能对象】命令，可以选择一幅图像文件作为智能对象置入当前文档中。

🍭 使用【文件】|【置入链接的智能对象】命令，可以选择一幅图像文件作为智能对象链接到当前文档中。

进阶技巧

在Photoshop中，选择【文件】|【打开为智能对象】命令，可以将选择的图像文件作为智能对象打开。

【例2-3】置入素材图像。
🎬 视频+素材▸ (光盘素材\第02章\例2-3)

01 在Photoshop CC 2017中，选择【文件】|【打开】命令，打开一幅照片图像。

02 选择【文件】|【置入链接的智能对象】命令，在【置入链接对象】对话框中选择文件，然后单击【置入】按钮。

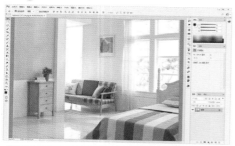

进阶技巧

在打开的图像文件中的【图层】面板中，选中一个或多个图层，再使用【图层】|【智能对象】|【转为智能对象】命令可以将选中的图层对象转换为智能对象。

03 将文件置入文件窗口后，可直接在对象上按住左键来调整位置，或拖动四角的控制点来缩放对象。

04 调整完毕后，按Enter键即可置入智能对象。选择【魔棒】工具，在控制面板中单击【添加到选区】按钮，设置【容差】

数值为30，然后使用【魔棒】工具在图像背景区域单击。

05 选择【多边形套索】按钮，在控制面板中单击【从选区减去】按钮，调整选区范围。

06 在【图层】面板中，在置入的智能对象图层上右击，从弹出的快捷菜单中选择【栅格化图层】命令，然后按Delete键删除选区内的图像。

07 删除置入图像背景后，按Ctrl+D快捷键取消选区。

2.1.4 复制文档

在Photoshop中，选择【图像】|【复

制】命令可以将当前文件复制一份。复制的文件将作为一个副本文件单独存在。

【例2-4】复制照片图像。

📀 视频+素材 (光盘素材\第02章\例2-4)

---

01 在Photoshop CC 2017中，选择【文件】|【打开】命令，打开一幅照片图像。

02 选择【图像】|【复制】命令，打开【复制图像】对话框。在对话框中的【为】文本框中可以输入复制图像的名称，然后单击【确定】按钮。

03 选择【窗口】|【排列】|【双联垂直】命令，将原图和复制图像并排显示在工作区中。

04 在【调整】面板中单击【创建新的照片滤镜调整图层】图标，在打开的【属性】面板中的【滤镜】下拉列表中选择【橙】选项，设置【浓度】数值为100%。

在【图层】面板中设置【不透明度】数值为25%，所做修改只应用于复制图像中。

知识点滴

选择【文件】|【恢复】命令，可以直接将文件恢复到最后一次存储时的状态，或返回到刚打开文件时的状态。【恢复】命令只能针对已有图像的操作进行恢复。如果是新建的文件，【恢复】命令不可用。

2.1.5 关闭文档

同时打开几个图像文件窗口会占用一定的屏幕空间和系统资源。因此，在完成图像的编辑后，可以使用【文件】菜单中的命令，或单击窗口中的按钮关闭图像文件。Photoshop中提供了4种关闭文档的方法。

👆 选择【文件】|【关闭】命令，或按Ctrl+W组合键，或单击文档窗口文件名旁的【关闭】按钮，可以关闭当前处于激活状态的文件。使用这种方法关闭文件时，其他文件不受任何影响。

👆 选择【文件】|【关闭全部】命令，或按Alt+Ctrl+W组合键，可以关闭当前工作区中打开的所有文件。

👆 选择【文件】|【关闭并转到Bridge】命令，可以关闭当前处于激活状态的文件，然后打开Bridge操作界面。

👆 选择【文件】|【退出】命令或者单击Photoshop工作区右上角的【关闭】按钮，可以关闭所有文件并退出Photoshop。

2.2 数码照片的输出

在Photoshop中对照片进行处理后，通过存储和存储为等操作保存设置后的数码照片，用户可以根据需要选择不同的输出格式和方法，并对最终的照片进行优化设置，保证输出最佳的效果。

2.2.1 添加水印和版权信息

为自己的数码照片添加水印和版权信息，这样可以避免他人任意使用自己的照片。

【例2-5】为照片添加水印效果。
视频+素材 (光盘素材\第02章\例2-5)

01 在Photoshop中，选择【文件】|【打开】命令，选择打开一个图像文件。单击【图层】面板中的【创建新图层】按钮，新建【图层1】。

02 选择【自定形状】工具，然后在控制面板中，选择工具模式为【像素】，然后在【形状】下拉面板中选择一种形状。

03 使用【自定形状】工具，按Shift键同时单击并拖动鼠标绘制图像。

04 选择【滤镜】|【风格化】|【浮雕效果】命令，打开【浮雕效果】对话框。设置【角度】数值为135度，【高度】数值为6像素，【数量】数值为100%，然后单击【确定】按钮。

知识点滴

【浮雕效果】滤镜可通过勾画图像或选区的轮廓和降低周围色值来生成凸起或凹陷的浮雕效果。

05 在【图层】面板中，设置图层混合模式为【强光】。

06 选择【横排文字】工具在图像中单击，在控制面板中设置【字体样式】为Impact，【字体大小】为100点，然后在图

像中输入文字内容。

07 选择【图层】|【栅格化】|【文字】命令，将文本图层转换为普通图层。

08 选择【滤镜】|【浮雕效果】命令，应用上一次滤镜设置。

09 在【图层】面板中，设置文字图层混合模式为【强光】。

10 选择【移动】工具，分别调整绘制形状和文字位置。

11 选择【文件】|【文件简介】命令，打开文件简介对话框。在对话框左侧列表框中，选中【基本】选项。然后在右侧【作者】文本框中输入作者的信息。在【版权状态】下拉列表中选择【受版权保护】，并输入版权公告内容。

12 单击【确定】按钮关闭对话框，返回到图像中。此时，在文档名称左侧会出现(C)字样，表示此文档为版权所有文件。

2.2.2 存储为专业用途的文档

当完成一张数码照片的处理后，需要将它保存起来以便以后使用。选择【文件】|【存储】命令，在打开的【存储为】对话框中进行设置，可以存储照片。在操作过程中，用户也可以随时按Ctrl+S快捷键进行保存。如果要将图像另取名保存，可以选择菜单中的【文件】|【存储为】命令，或按Ctrl+Shift+S组合键，在打开的

【另存为】对话框中更改文件的存储路径或文件的名称进行保存。

　　Photoshop中可以将图像存储为多种专业的图像格式，常用的格式包括默认的PSD、GIF、EPS和TIFF等格式，通常在最终输出时都会将照片存储为便于印刷的格式。

【例2-6】将照片存储为TIFF格式。
🎬 视频+素材 (光盘素材\第02章\例2-6)

---

01 在Photoshop中，选择【文件】|【打开】命令，打开照片图像。

02 选择【文件】|【存储为】命令，打开【另存为】对话框。在对话框中的【保存类型】下拉列表中选择TIFF格式。选择要存储的图像的位置，并指定存储的名称，设置完成后单击【保存】按钮。

03 打开【TIFF选项】对话框，在该对话框中查看存储选项后，单击【确定】按钮。在弹出的提示对话框中，单击【确

定】按钮即可存储图像。

进阶技巧

对照片进行简单编辑后存储照片，在没有对【背景】图层进行解锁或没有新建图层的情况下，选择【文件】|【存储】命令将直接存储该照片文件并覆盖原始照片。

2.2.3 存储为Web网页格式

　　用户可以将应用Photoshop设置的照片上传至网页中浏览。在Photoshop中通过选择【存储为Web和设备所用格式】命令可以导出和优化Web图像。

【例2-7】将照片存储为Web网页格式。
🎬 视频+素材 (光盘素材\第02章\例2-7)

---

01 在Photoshop中，选择【文件】|【打开】命令，打开照片图像。

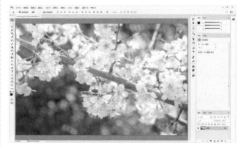

02 选择【文件】|【导出】|【存储为Web和设备所用格式(旧版)】命令。打开【存储为Web所用格式】对话框，单击【双联】

选项卡。

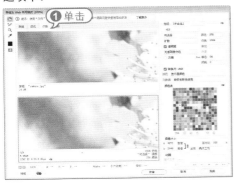

03 在对话框右侧的文件格式下拉列表中选择【PNG-8】。选择存储格式后,继续在右侧的选项栏中选中【交错】复选框。

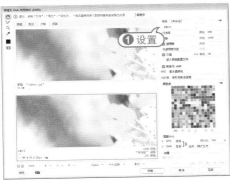

04 在对话框中设置完成后,单击【存储】按钮。打开【将优化结果存储为】对话框,在对话框中设置存储的图像的路径和名称,再单击【保存】按钮即可存储图像。

2.2.4 输出PDF文档

在Photoshop中以PDF格式存储时,可以包括RGB颜色、索引颜色、CMYK颜色、灰度、位图模式、Lab颜色和双色调的图像。通过PDF文档可以保留Photoshop数据,如图层、Alpha通道、注释以及专色等,方便对图像进行更有效的编辑。

【例2-8】将照片存储为PDF格式。
◉ 视频+素材 (光盘素材\第02章\例2-8)

01 在Photoshop中,选择【文件】|【打开】命令,打开照片图像。

02 选择【文件】|【存储为】命令,打开【另存为】对话框。在对话框中的【保存类型】下拉列表中选择Photoshop PDF文件格式。指定其存储位置后,再在【文件名】文本框中输入新的文件名,然后单击【保存】按钮。

03 在弹出的提示框中,单击【确定】按

钮,打开【存储Adobe PDF】对话框。

①单击
确定

☐不再显示

进阶技巧

将自定义的Adobe PDF预设文件保存在Documents and Settings\All Users\共享文档\Adobe PDF\Setting文件夹内,该文件便可以在其他AdobeCreative Suite应用程序中共享。

04 在【存储Adobe PDF】对话框的

【Adobe PDF预设】下拉列表中选择【[最小文件大小]】选项,然后单击【存储PDF】按钮即可存储为PDF格式。

①设置

②单击

2.3 在Photoshop中查看数码照片

编辑图像时,需要经常放大和缩小窗口的显示比例、移动画面的显示区域,以便更好地观察和处理图像。Photoshop提供了用于缩放窗口的工具和命令,如切换屏幕模式、【缩放】工具、【抓手】工具、【导航器】面板等。

2.3.1 切换屏幕模式

在Photoshop中提供了【标准屏幕模式】、【带有菜单栏的全屏模式】和【全屏模式】3种屏幕模式。选择【视图】|【屏幕模式】命令,或单击工具面板底部的【更改屏幕模式】按钮,从弹出的菜单中选择所需要的模式,或直接按快捷键F键在屏幕模式间进行切换。

⚑【标准屏幕模式】:为Photoshop默认的显示模式。在这种模式下显示全部工作界面的组件。

⚑【带有菜单栏的全屏模式】:显示带有菜单栏和50%灰色背景、隐藏标题栏和滚动条的全屏窗口。

⚑【全屏模式】:在工作界面中,显示只有黑色背景的全屏窗口,隐藏标题栏、菜单栏或滚动条。

在选择【全屏模式】时,会弹出【信息】对话框,选中【不再显示】复选框,再次选择【全屏模式】时,将不再显示该对话框。

在全屏模式下，两侧面板是隐藏的。可以将光标放置在屏幕的两侧访问面板。另外，在全屏模式下，按F键或Esc键可以返回标准屏幕模式。

进阶技巧

在任一视图模式下，按Tab键都可以隐藏、显示工具面板、面板或工具控制面板；按Shift+Tab组合键可以隐藏、显示面板。

2.3.2 使用窗口查看图像

在Photoshop中打开多幅图像文件时，只有当前编辑文件显示在工作区中。选择【窗口】|【排列】命令下的子命令可以根据需要排列工作区中打开的多幅图像的显示，包括【全部垂直拼贴】、【全部水平拼贴】、【双联水平】、【双联垂直】、【三联水平】、【三联垂直】、【双联堆积】、【四联】、【六联】和【将所有内容合并到选项卡】等选项。

【例2-9】更改图像的排列方式。
（视频+素材）(光盘素材\第02章\例2-9)

01 选择【文件】|【打开】命令，打开【打开】对话框，按Shift键选中4幅图像文件，然后单击【打开】按钮打开图像文件。

02 选择【窗口】|【排列】|【使所有内容在窗口中浮动】命令，将图像文件停放状态改为浮动。

03 选择【窗口】|【排列】|【四联】命令，将4幅图像文件在工作区中显示出来。

04 选择【抓手】工具，在控制面板中选中【滚动所有窗口】复选框，然后使用【抓手】工具在任意一幅图像文件中单击并拖动，即可同时改变所有打开图像文件

的显示区域。

知识点滴

在【排列】命令子菜单中【匹配缩放】命令可将所有文档窗口都匹配到与当前文档窗口相同的缩放比例；【匹配位置】命令可将所有窗口中图像的显示位置都匹配到与当前窗口相同；【匹配旋转】命令可将所有窗口中画布的旋转角度都匹配到与当前窗口相同；【全部匹配】命令将所有窗口的缩放比例、图像显示位置、画布旋转角度与当前窗口匹配。

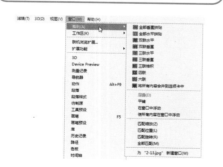

2.3.3 调整窗口缩放比例

在图像编辑处理的过程中，经常需要对编辑的图像频繁地进行放大或缩小显示，以便于图像的编辑操作。在Photoshop中调整图像画面地显示，可以使用【缩放】工具、【视图】菜单中的相关命令。

使用【缩放】工具可放大或缩小图

像。使用【缩放】工具时，每单击一次都会将图像放大或缩小到下一个预设百分比，并以单击的点为中心将显示区域居中。选择【缩放】工具后，可以在工具控制面板中通过相应的选项放大或缩小图像。

🌑 【放大】按钮/【缩小】按钮：切换缩放的方式。单击【放大】按钮可以切换到放大模式，在图像上单击可以放大图像；单击【缩小】按钮可以切换到缩小模式，在图像上单击可以缩小图像。

🌑 【调整窗口大小以满屏显示】复选框：选中该复选框，在缩放窗口的同时自动调整窗口的大小。

🌑 【缩放所有窗口】复选框：选中该复选框，可以同时缩放所有打开的文档窗口中的图像。

🌑 【细微缩放】复选框：选中该项，在画面中单击并向左侧或右侧拖动鼠标，能够以平滑的方式快速缩小或放大窗口。

🌑 100% 按钮：单击该按钮，图像以实际像素即100%的比例显示。也可以双击缩放工具来进行同样的调整。

🌑 【适合屏幕】：单击该按钮，可以在窗口中最大化显示完整的图像。

🌑 【填充屏幕】：单击该按钮，可以使图像充满文档窗口。

知识点滴

用户还可以通过选择【视图】菜单中的相关命令实现调整窗口缩放比例。在【视图】菜单中，可以选择【放大】、【缩小】、【按屏幕大小缩放】、【按屏幕大小缩放画板】、100%、200%，或【打印尺寸】命令。还可以使用命令后显示的快捷键组合缩放图像画面的显示，如按Ctrl++键可以放大显示图像画面；按Ctrl+-键可以缩小显示图像画面；按Ctrl+0键可以按屏幕大小显示图像画面。

使用【缩放】工具缩放图像的显示比例时，通过控制面板切换放大、缩小模式并不方便，因此用户可以使用Alt键来切换。在【缩放】工具的放大模式下，按住Alt就会切换成缩小模式，释放Alt键又可恢复为放大模式状态。

2.3.4 使用【抓手】工具

当图像文件放大到在文档窗口中只能够显示局部图像时，可以选择【抓手】工具，在图像文件中按住鼠标左键拖动并移动图像画面进行查看。如果已经选择其他的工具，则可以按住空格键切换到【抓手】工具移动图像画面。

2.3.5 使用【导航器】面板

【导航器】面板不仅可以方便地对图像文件在窗口中的显示比例进行调整，而且还可以对图像文件的显示区域进行移动选择。选择【窗口】|【导航器】命令，可以在工作区中显示【导航器】面板。

【例2-10】在Photoshop CC 2017中，使用【导航器】面板查看图像。
（视频+素材）(光盘素材\第02章\例2-10)

01 选择【文件】|【打开】命令，选择并打开图像文件。选择【窗口】|【导航器】命令，打开【导航器】面板。

02 在【导航器】面板的缩放数值框中显示了窗口的显示比例，在数值框中输入数值可以改变显示比例。

进阶技巧

在【导航器】面板中单击【放大】按钮可放大图像在窗口中的显示比例，单击【缩小】按钮可缩小图像在窗口中的显示比例。用户也可以使用缩放比例滑块，调整图像文件窗口的显示比例。向左移动缩放比例滑块，可以缩小画面的显示比例；向右移动缩放比例滑块，可以放大画面的显示比例。在调整画面显示比例的同时，面板中的红色矩形框大小也会进行相应地缩放。

03 当窗口中不能显示完整的图像时，将光标移至【导航器】面板的代理预览区域，光标会变为形状。单击并拖动鼠标可以移动画面，代理预览区域内的图像会显示在文档窗口的中心。

2.3.6 使用缩放命令

除了使用上述方法查看图像文件外，在菜单栏的【视图】菜单中，选择【放大】、【缩小】、【按屏幕大小缩放】、【实际像素】和【打印尺寸】命令，同样可以调整图像文件的显示比例，其命令的具体作用如下。

◔ 【放大】：使用该命令用于放大图像画面的显示比例。

◔ 【缩小】：使用该命令用于缩小图像的显示比例。

◔ 【按屏幕大小缩放】：使用该命令可以将图像文件以合适的比例布满当前文档窗口。

◔ 【实际像素】：使用该命令用于将图像以100%的比例大小显示出来。

◔ 【打印尺寸】：使用该命令用于将图像以文档的实际尺寸显示。

2.3.7 查看直方图

直方图是判断数码照片影调是否正常的重要参数之一。在【直方图】面板中使用图形表示图像中每个亮度级别的像素数量及像素的分布情况，对数码照片的影调调整起着至关重要的作用。

1 认识直方图

选择【窗口】|【直方图】命令，打开【直方图】面板。打开的面板以默认的紧凑视图显示，该直方图代表整个图像。若要将图像以其他视图显示，则单击面板右上角的面板菜单按钮，打开面板菜单。

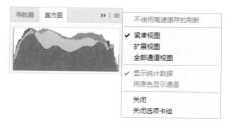

在【直方图】面板菜单中选择【全部通道视图】命令，即可以全部通道视图显示各个通道的直方图。若在【通道】下拉列表中选择【明度】选项，可显示复合通道及各个通道的亮度或强度值。

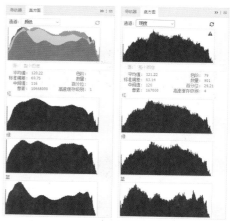

在【直方图】面板菜单中选择【扩展视图】选项，可以方便地选择各个通道的直方图，查看数据。

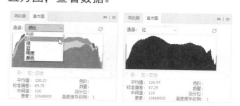

【直方图】面板的下方还显示平均值、标准偏差、中间值、像素、色阶、数量、百分位和高速缓存级别统计信息等数据。

◔ 【平均值】：该项表示图像的平均亮度值。

- 【标准偏差】：该项表示当前图像颜色亮度值的变化范围。
- 【中间值】：该项显示亮度值范围内的中间值。
- 【像素】：该项表示用于计算直方图的像素总数。
- 【色阶】：该项用于显示光标在直方图位置区域的亮度色阶。
- 【数量】：该项用于显示光标在直方图位置区域的亮度色阶的像素总数。
- 【百分位】：该项显示光标在直方图位置区域的亮度色阶或该色阶以下的像素累计数。该值表示为图像中所有像素的百分数，从最左侧的0%到最右侧的100%。
- 【高速缓存级别】：该项显示当前用于创建直方图的图像高速缓存。

2 查看照片影调

使用【直方图】面板可以查看图像在阴影、中间调和高光部分的信息，以确定数码照片的影调是否正常。在【直方图】面板中，直方图的左侧代表了图像的阴影区域，中间代表了中间调，右侧代表了高光区域。

当山峰分布在直方图左侧时，说明图像的细节集中在暗调区域，中间调和高光区域缺乏像素，通常情况下，该图像的色调较暗。

当山峰分布在直方图右侧时，说明图像的细节集中在高光区域，中间调和阴影缺乏细节，通常情况下，该图像为亮色调图像。

当山峰分布在直方图中间时，说明图像的细节集中在中间色调处。一般情况下，这表示图像的整体色调效果较好。但有时色彩的对比效果可能不够强烈。

当山峰分布在直方图的两侧时，说明图像的细节集中在阴影处和高光区域，中间调缺少细节。

当直方图的山峰起伏较小时，说明图像的细节在阴影、中间调和高光处分布较为均匀，色彩之间的过渡较为平滑。

在直方图中，如果山脉没有横跨直方图的整个长度，说明阴影和高光区域缺少必要的像素，这会导致图像因缺乏对比度而显得灰暗。

2.3.8 查看照片颜色

在调整设置数码照片之前，最好先分析需要设置的数码照片，这样可以在设置照片时更加准确快捷。在Photoshop中，可以使用【信息】面板和【颜色取样器】工具评估照片颜色。

选择【窗口】|【信息】菜单命令，打开【信息】面板。选择工具面板中的【颜色取样器】工具，在图像中合适位置单击，进行颜色取样。此时，在【信息】面板中会显示该位置的图像颜色值。

单击并拖动图像上的取样点，【信息】面板中显示的信息将及时更新，显示当前取样点位置的颜色信息。

若要删除取样标记，单击【颜色取样器】工具选项栏中的【清除】按钮可以删除图像上所有的颜色取样点。

要删除单个取样点，可以在该取样点上右击，在弹出的快捷菜单中选择【删除】命令。

2.4 调整数码照片的尺寸与角度

不同途径获得的图像文件在编辑处理时，经常会遇到图像的尺寸和分辨率并不符合编辑要求的问题，这时就需要用户对图像的大小和分辨率进行适当的调整。

2.4.1 调整图像大小

使用【图像大小】命令可以调整图像的像素大小、打印尺寸和分辨率。修改图像的像素大小不仅会影响图像在屏幕上的大小，还会影响图像的质量及其打印效果，同时也会影响图像所占用的存储空间。

在Photoshop中，选择【图像】|【图像大小】命令，可以打开【图像大小】对话框。在保留原有图像不被裁剪的情况下，通过改变图像的比例来实现图像大小的调整。

如果要修改图像的像素大小，可以在【调整为】下拉列表中选择预设的图像大小；也可以在下拉列表中选择【自定】选项，然后在【宽度】、【高度】和【分辨率】数值框中输入数值。如果要保持宽度和高度的比例，可选中⑧按钮。修改像素大小后，新的图像大小会显示在【图像大小】对话框的顶部，原文件大小显示在括号内。

知识点滴

修改图像的像素大小在Photoshop中称为【重新采样】。当减少像素的数量时，将从图像中删除一些信息；当增加像素的数量或增加像素取样时，将添加新像素。在【图像大小】对话框最下面的【重新采样】列表中可以选择一种插值方法来确定添加或删除像素的方式。

【例2-11】在Photoshop CC 2017中，更改图像文件大小。

🎬 视频+素材》(光盘素材\第02章\例2-11)

01 选择【文件】|【打开】命令，在【打开】对话框中选中一幅图像文件，然后单击【打开】按钮。

02 选择【图像】|【图像大小】命令，打开【图像大小】对话框。

03 在对话框的【调整为】下拉列表中选择【960×640像素144ppi】选项，然后单击【图像大小】对话框中的【确定】按钮应用调整。

知识点滴

如果只修改打印尺寸或分辨率并按比例调整图像中的像素总数，应选中【重新采样】复选框；如果要修改打印尺寸和分辨率而又不更改图像中的像素总数，应取消选中【重新采样】复选框。

2.4.2 调整画布大小

画布大小是指图像可以编辑的区域。使用【画布大小】命令，可以增大或减小图像的大小。增大画布的大小会在当前图像的周围添加新的可编辑区域，减小画布大小会裁剪图像。

【例2-12】在Photoshop中，更改图像文件画布大小。
🎬 视频+素材 (光盘素材\第02章\例2-12)

01 选择菜单栏中的【文件】|【打开】命令，在【打开】对话框中，选中图像文件，然后单击【打开】按钮打开图像文件。

02 选择菜单栏中的【图像】|【画布大小】命令，可以打开【画布大小】对话框。

知识点滴

在打开的【画布大小】对话框中，上部显示了图像文件当前的宽度和高度，通过在【新建大小】选项组中重新设置，可以改变图像文件的宽度、高度和度量单位。在【定位】选项中，单击要减少或增加画面的方向按钮，可以使图像文件按设置的方向对图像画面进行删减或增加。

03 选中【相对】复选框，在【宽度】和【高度】数值框中分别输入5厘米。在【画布扩展颜色】下拉列表中选择【其他】选项，打开【拾色器(画布扩展颜色)】对话框。在对话框中设置颜色为R:166 G:38 B:38，然后单击【确定】按钮关闭【拾色器(画布扩展颜色)】对话框。

04 设置完成后，单击【画布大小】对话框中的【确定】按钮即可应用设置，完成对图像文件大小的调整。

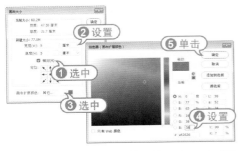

知识点滴

如果减小画布大小，会打开询问对话框，提示用户若要减小画布必须将原图像文件进行裁切，单击【继续】按钮将改变画布大小，同时将裁剪部分图像。

Adobe Photoshop CC 2017
新画布大小小于当前画布大小，将进行一些剪切。
继续(P)　　取消
□不再显示

2.4.3 裁剪图像

裁剪照片图像是一种纠正构图的方法，通过此方法也可统一多个照片图像的尺寸大小。用户可以直接利用裁剪工具裁剪照片图像，也可以利用选区选择部分图像，然后选择【图像】|【裁剪】命令来裁剪出部分照片图像。

1 应用裁剪工具

【裁剪】工具用于裁剪图像区域，也可以对图像画布尺寸进行拓展。对照片进行裁剪可纠正照片的构图形式，使照片画面更加美观，或具有更好的视觉效果。

选择【裁剪】工具后，在画面中调整裁剪框，以确定需要保留的部分，或拖动出一个新的裁切区域，然后按Enter键或双击完成裁剪。选择【裁剪】工具后，可以在控制面板中设置裁剪方式。

● 【选择预设长宽比或裁剪尺寸】选项：在该下拉列表中，可以选择多种预设的裁剪比例。

● 【清除】按钮：单击该按钮，可以清除长宽比值。

● 【拉直】按钮：通过在图像上画一条直线来拉直图像。

● 【叠加选项】按钮：在该下拉列表中可以选择裁剪的参考线的方式，包括三等分、网格、对角、三角形、黄金比例、金色螺线等。也可以设置参考线的叠加显示方式。

● 【设置其他裁切选项】选项：在该下拉面板中可以对裁切的其他参数进行设置，如可以使用经典模式，或设置裁剪屏蔽的颜色、不透明度等参数。

● 【删除裁剪的像素】复选框：确定是否保留或删除裁剪框外部的像素数据。如果取消选中该复选框，多余的区域可以处于隐藏状态；如果想要还原裁切之前的画面，只需要再次选择【裁剪】工具，然后随意操作即可看到原文档。

● 【内容识别】复选框：当裁剪区域大于原图像大小时，选中该复选框，可以使用图像边缘像素智能填充扩展区域。

【例2-13】使用【裁剪】工具裁剪图像画面。

💿视频+素材 (光盘素材\第02章\例2-13)

01 选择【文件】|【打开】命令打开素材图像文件。

02 选择【裁剪】工具，在控制面板中，单击预设选项下拉列表选择【1:1(方形)】选项。

03 将光标移动至图像裁剪框内，单击并按住鼠标拖动调整裁剪框内保留的图像。

04 调整完成后，单击控制面板中的【提交当前裁剪操作】按钮 ✓，或按Enter键即可裁剪图像画面。

2 裁剪命令

使用【裁剪】命令裁剪图像时，需要先在照片图像中创建选区，通过选区选择图像中需要保留的部分，然后再执行【裁剪】命令。裁剪的结果只能是矩形，如果选中的图像部分是圆形或其他不规则形状，选择【裁剪】命令后，会根据圆形或其他不规则形状的大小自动创建矩形。

使用【裁切】命令可以基于像素的颜色来裁剪图像。选择【图像】|【裁切】命令，可以打开【裁切】对话框。

● 【透明像素】：可以裁剪掉图像边缘的透明区域，只将非透明像素区域的最小图

像保留下来。该选项只有图像中存在透明区域时才可用。

💡 【左上角像素颜色】：从图像中删除左上角像素颜色的区域。

💡 【右下角像素颜色】：从图像中删除右下角像素颜色的区域。

💡 【顶】/【底】/【左】/【右】：设置修改图像区域的方式。

知识点滴

在图像中创建选区后，选择【编辑】|【清除】命令，或按Delete键，可以清除选区内的图像。如果清除的是【背景】图层上的图像，被清除的区域将填充背景色。

【例2-14】使用【裁剪】命令裁剪图像画面。

🎬 视频+素材 (光盘素材\第02章\例2-14)

---

01 在Photoshop中，选择【文件】|【打开】命令打开一个照片文件。

02 选择【矩形选框】工具，在图像中创建选区。

03 选择【图像】|【裁剪】命令，裁剪图像，并按Ctrl+D键取消选区。

3　透视裁剪

使用【透视裁剪】工具可以在需要裁剪的图像上创建带有透视感的裁剪框，在应用裁剪后可以使图像根据裁剪框调整透视效果。

【例2-15】使用【透视裁剪】工具调整图像。

🎬 视频+素材 (光盘素材\第02章\例2-15)

---

01 选择【文件】|【打开】命令，打开一幅图像文件。

02 选择【透视裁剪】工具，在图像上拖动创建裁剪框。

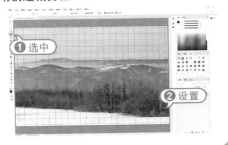

Photoshop数码照片处理 入门与进阶 (第2版)

03 将光标移动到裁剪框的一个控制点上，并调整其位置。使用相同的方法调整其他控制点。

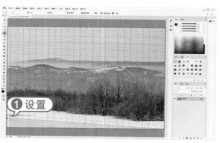

04 调整完成后，单击控制面板中的【提交当前裁剪操作】按钮 ✓，或按Enter键，即可得到带有透视感的画面效果。

2.4.4 校正图像水平线

变换数码照片中的图像，是一种优化图像构图、改善图像主体视觉效果的有效方法。用户可通过自动或手动方式进行调整，使照片的内容得到更好的表现。

使用Photoshop中的【标尺】工具可以准确定位图像或图像元素。【标尺】工具可计算画面内任意两点之间的距离、倾斜角度。当用户测量两点间的距离时，将绘制一条不会打印出来的直线。

【例2-16】使用【标尺】工具校正图中景物的水平线。
视频+素材 (光盘素材\第02章\例2-16)

01 选择【文件】|【打开】命令，打开一

幅素材图像文件。

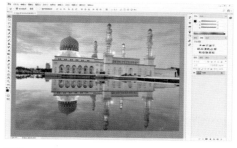

02 选择【标尺】工具，在图像的左下角位置单击，根据地平线向右侧拖动绘制出一条具有一定角度的线段。

03 选择【图像】|【图像旋转】|【任意角度】命令，打开【旋转画布】对话框。在对话框中，保持默认设置，单击【确定】按钮，即可以刚才【标尺】工具拖动出的线段角度来旋转图像。

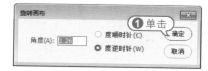

04 选择【裁剪】工具将图像中间部分选

中，然后按下Enter键确定，即可裁剪图像多余部分。

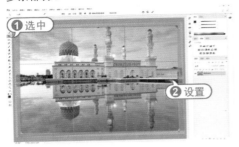

2.4.5 校正图像扭曲

变换照片中的图像时，除了利用【图像旋转】命令和【自由变换】命令外，还可以通过【镜头校正】滤镜对照片中的图像进行变换操作。利用该滤镜变换图像，不仅可以调整照片的扭曲和透视角度，还可以对调整后的照片进行比例裁切，裁去照片图像的空白边缘。

选择【滤镜】|【镜头校正】命令，或按快捷键Shift+Ctrl+R键，即可打开【镜头校正】对话框。对话框左侧是该滤镜的使用工具，中间是预览和操作窗口，右侧是参数设置区，其滤镜工具的具体作用如下。

💬 【移去扭曲】工具：可以校正镜头桶形或枕形扭曲。选择该工具，将光标放在画面中，单击并向画面边缘拖动鼠标可以校正桶形失真；向画面的中心拖动鼠标可以校正枕形失真。

💬 【拉直】工具：可以校正倾斜的图像，或者对图像的角度进行调整。选择该工具

后，在图像中单击并拖动一条直线，释放鼠标后，图像会以该直线为基准进行角度的校正。

💬 【移动网格】工具：用来移动网格，以便使它与图像对齐。

💬 【缩放】工具、【抓手】工具：用于缩放预览窗口的显示比例和移动画面。

💬 【预览】选项：在对话框中预览校正效果。

💬 【显示网格】选项：选中该项，可在窗口中显示网格。可以在【大小】选项中调整网格间距，或在【颜色】选项中修改网格的颜色。

【例2-17】使用【镜头校正】命令调整图像效果。

🎬 视频+素材 (光盘素材\第02章\例2-17)

◀------

01 选择【文件】|【打开】命令，打开【打开】对话框。在对话框中，选中需要打开的图像文件，单击【打开】按钮。选择【滤镜】|【镜头校正】命令，打开【镜头校正】对话框，并单击【自定】选项卡。

02 在对话框中，选中【显示网格】复选框，选择【拉直】工具依据图中景物的水平线，单击并按住鼠标左键拖动创建校正参考线，释放鼠标左键即可校正图像中景物的水平。

知识点滴

【晕影】选项组中，【中点】用于指定受【数量】滑块所影响区域的宽度，数值大，只会影响图像的边缘；数值小，则会影响较多的图像区域。

03 在【变换】选项组中，设置【垂直透视】数值为-20。

04 在【晕影】选项组中，设置【数量】数值为75。设置完成后，单击【确定】按钮应用【镜头校正】滤镜效果。

2.4.6 校正镜头扭曲

【自适应广角】命令可以轻松拉直全景图像或使用鱼眼、广角镜头拍摄的照片中的弯曲对象。该滤镜可以检测相机和镜头型号，并使用镜头特性拉直图像。

选择【滤镜】|【自适应广角】命令，或按快捷键Alt+Shift+Ctrl+A键，即可打开【自适应广角】对话框。

💧 工具选项组：主要通过选择工具对图像进行拉伸、移动以及放大处理。

💧【校正】选项：单击该下拉列表，可以选择【鱼眼】、【透视】、【自动】、【完整球面】选项。【鱼眼】选项校正由鱼眼镜头所引起的极度弯曲。【透视】选项校正由视角和相机倾斜角度所引起的汇聚线。【自动】选项自动根据图像效果进行校正。【完整球面】选项校正360度全景图，全景图的长宽比必须为2：1。

💧【缩放】选项：该选项用于设置缩放图像比例。

💧【焦距】选项：该选项用于设置镜头的焦距。如果在照片中检测到镜头信息，则会自动填写此值。

💧【裁剪因子】选项：设置参数值确定如何裁剪最终图像。将此值与【缩放】选项配合使用，以补偿应用滤镜时产生的空白区域。

💧【原照设置】复选框：选中该项，可以使用镜头配置文件中定义的值。如果没有找到镜头信息，则禁用此选项。

💧【细节】：该选项中会实时显示光标下方图像的细节(比例为100%)。使用【约束】工具和【多边形约束】工具时，可通过观察该图像来准确定位约束点。

【例2-18】使用【自适应广角】命令调整图像效果。
🔵视频+素材 (光盘素材\第02章\例2-18)

01 选择【文件】|【打开】命令，打开

【打开】对话框。在对话框中选中需要打开的图像文件，单击【打开】按钮。然后选择【滤镜】|【自适应广角】命令，打开【自适应广角】对话框。

02 选择【约束工具】，将光标放置在出现弯曲的墙壁处，单击鼠标，然后向下拖动，拖出一条绿色的约束线，放开鼠标后，按住Shift键旋转约束线角度，将弯曲的图像拉直。

03 继续使用【约束工具】在图像左侧创建约束线并调整角度。

04 在对话框中，设置【缩放】数值为105%，【焦距】数值为6.61毫米，【裁剪因子】数值为5.55，然后单击【确定】按钮。

2.5 数码照片批量处理

利用Photoshop对照片进行批量处理，如批量添加水印、处理文件照片尺寸大小、添加边框、转换颜色模式等既方便快捷，又能统筹规划工作的程序。

2.5.1 认识【动作】命令

【动作】命令用于记录图像处理的操作步骤，以便对数码照片进行批量处理。【动作】命令通常会与【批处理】命令结合应用。选择【窗口】|【动作】命令，打开【动作】面板。

在【动作】面板中记录对照片的编辑动作，首先需要单击【创建新动作】按

钮，在弹出的【新建动作】对话框中，可以设置新建动作的名称、颜色等参数。

单击【记录】按钮，即可开始记录动作，此时【开始记录】按钮显示为红色。在对照片的编辑过程中，每一步骤都将记录在【动作】面板中。

对照片编辑完成后，可存储照片至指定文件夹并关闭照片文件。当所有需要记录的动作都已记录完成，单击【停止播放/记录】按钮 ■，停止记录动作，从而完成使用【动作】命令记录动作的操作。

知识点滴

在【动作】面板中通常包含一些默认的动作命令，这些动作命令均已命名为与之相应的名称，可通过应用这些动作快速应用丰富的图像效果。

【例2-19】使用预设动作调整图像。
🎬 视频+素材 (光盘素材\第02章\例2-19)

01 在Photoshop中，选择【文件】|【打开】命令打开一个素材文件。

02 打开【动作】面板，单击面板菜单按钮，在弹出的菜单中选择【图像效果】命令，打开【图像效果】动作组。

知识点滴

选择【动作】面板菜单中的【复位动作】命令，可以恢复【动作】面板中默认的动作组。

03 在【图像效果】动作组中，选择【色彩汇聚(色彩)】动作，单击【播放选定动作】按钮，即可在打开的照片上应用选定的动作。

2.5.2 使用自动批处理

自动批处理通过记录在【动作】面板中对图像编辑的动作，然后利用【批处理】命令对批量的照片进行同样的处理，如色调、尺寸等的调整。选择【文件】|

【自动】|【批处理】命令，打开【批处理】对话框。

【例2-20】使用【批处理】命令调整多幅图像文档。

视频+素材 (光盘素材\第02章\例2-20)

01 将需要批量处理的照片放在同一个文件夹中。打开其中任意一个照片文件，然后打开【动作】面板。

02 在【动作】面板中，单击【创建新组】按钮，在打开的【新建组】对话框中输入动作组名称，然后单击【确定】按钮新建一个动作组。

03 单击【创建新动作】按钮，打开【新建动作】对话框，在【名称】文本框中输入"曝光度调整"，【颜色】下拉列表中选择【红色】选项，然后单击【记录】按钮。【开始记录】按钮显示为红色时，即开始记录动作。

04 在【调整】面板中，单击【创建新的曝光度调整图层】图标，打开【属性】面板。在【属性】面板中，设置【曝光度】数值为0.52，【位移】数值为-0.0485，

【灰度系数校正】数值为0.96。

05 完成照片调整后，选择【文件】|【存储为】命令，打开【另存为】对话框。在对话框中选择存储位置，并将文件存储格式设置为TIFF格式，单击【保存】按钮。

06 在打开的【TIFF选项】对话框中单击【确定】按钮。

07 存储完毕后，在【动作】面板中，单击【停止播放/记录】按钮，结束工作记录。

08 选择【文件】|【自动】|【批处理】命令，打开【批处理】对话框。在对话框的【播放】选项组中的【组】下拉列表中选择【自定义动作组】选项，在【动作】下拉列表中选择【曝光度调整】选项。

【09】 在【源】选项组中，单击【选择】按钮，在弹出的【浏览文件夹】对话框中选中需要处理的文件夹，然后单击【确定】按钮。

【10】 在【目标】选项组中，单击【目标】下拉按钮，从弹出的列表中选择【文件夹】选项；单击【选择】按钮，在弹出的

【浏览文件夹】对话框中选中所需的文件夹，然后单击【确定】按钮。

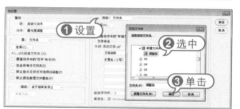

【11】 完成后单击【批处理】对话框中的【确定】按钮，开始自动批量处理照片。

2.6 进阶实战

本章的进阶实战通过拼贴图像文件的综合实例操作，使用户通过练习从而巩固本章所学的知识。

【例2-21】拼贴图像文件。
🎬视频+素材 (光盘素材\第02章\例2-21)

【01】在Photoshop中，选择【文件】|【打开】命令，打开【打开】对话框。

【02】 在【打开】对话框中，选中所需的图像文件，然后单击【打开】按钮。

【03】 选择【图像】|【图像大小】命令，打开【图像大小】对话框。在对话框中，设置【分辨率】数值为72像素/英寸，然后单击【确定】按钮。

【04】 选择【图像】|【画布大小】命令，打开【画布大小】对话框。在对话框中设置【宽度】数值为500毫米，在【定位】选项组中，单击左侧中央的方向按钮，在【画

布扩展颜色】下拉列表中选择【白色】选项，然后单击【确定】按钮。

05 选择【文件】|【置入嵌入的智能对象】命令，打开【置入嵌入对象】对话框。在对话框中，选中所需的图像文件，然后单击【置入】按钮。

06 在控制面板中，设置参考点位置为右上，单击【保持长宽比】按钮，设置W数值为64%，然后将置入图像移动至文档边缘，并单击【提交变换】按钮。

07 使用步骤(5)至步骤(6)的操作方法置入图像，在控制面板中，设置参考点位置为右下50.5%，然后将置入图像移动至文档边缘，并单击【提交变换】按钮。

08 选择【图像】|【画布大小】命令，打开【画布大小】对话框。在对话框中，选中【相对】复选框，并设置【宽度】和【高度】数值为15毫米，然后单击【确定】按钮。

09 选择【文件】|【存储为】命令，打开【另存为】对话框。在对话框的【文件名】文本框中输入新名称，在【保存类型】下拉列表中选择JPEG格式，然后单击【保存】按钮。

10 在打开的【JPEG选项】对话框中，单击【确定】按钮存储图像。

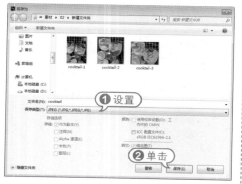

2.7 疑点解答

●┤问：如何转换照片图像的颜色模式？

答：图像的颜色模式可以说是一种记录图像颜色的方式，照片的颜色模式决定了用于显示和打印照片的颜色效果，决定了如何描述和重现照片的色彩。在Photoshop中打开照片后，选择【图像】|【模式】命令，在打开的子菜单中选择需要转换的颜色模式命令，即可将照片模式进行转换。

●┤问：如何进行还原与重做操作？

答：在图像文件的编辑过程中，如果出现操作失误，用户可以通过菜单命令方便地撤销或恢复图像处理的操作步骤。

在进行图像处理时，最近一次所执行的操作步骤在【编辑】菜单的顶部显示为【还原操作步骤名称】，执行该命令可以立即撤销该操作步骤；此时，菜单命令会转换成【重做操作步骤名称】，选择该命令可以再次执行刚撤销的操作。

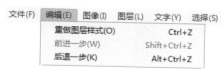

在【编辑】菜单中多次选择【还原】命令，可以按照【历史记录】面板中排列的操作顺序，逐步撤销操作步骤。用户也可以在【编辑】菜单中多次选择【前进一步】命令，按照【历史记录】面板中排列的操作顺序，逐步恢复操作步骤。

在图像处理过程中，可以使用【还原】和【重做】命令的快捷键提高图像编辑效率。按Ctrl+Z快捷键可以实现操作的还原与重做。按Shift+Ctrl+Z快捷键可以前进一步图像操作，按Alt+Ctrl+Z快捷键可以后退一步图像操作。

●┤问：如何使用【历史记录】面板？

答：使用【历史记录】面板，可以撤销关闭图像文件之前所进行的操作步骤，并且可以将图像文件当前的处理效果创建快照进行存储。选择【窗口】|【历史记录】命令，打开【历史记录】面板。

● 【设置历史记录画笔的源】▧：使用【历史记录画笔】工具时，该图标所在的位置将作为【历史记录画笔】工具的源。

▶【从当前状态创建新文档】按钮 ❧：单击该按钮，基于当前操作步骤中图像的状态创建一个新的文件。

▶【创建新快照】按钮 ◎：单击该按钮，基于当前的图像状态创建快照。

▶【删除当前状态】按钮 🗑：选择一个操作步骤后，单击该按钮可将该步骤及其后的操作删除。

使用【历史记录】面板还原被撤销的操作步骤，只需单击操作步骤中位于最后的操作步骤，即可将其前面的所有操作步骤(包括单击的该操作步骤)还原。还原被撤销操作步骤的前提是，在撤销该操作步骤后没有执行其他新的操作步骤，否则将无法恢复被撤销的操作步骤。

在【历史记录】面板中，单击面板底部的【删除当前状态】按钮，这时会弹出信息提示对话框询问是否要删除当前选中的操作步骤，单击【是】按钮即可删除指定的操作步骤。

◕ 问：如何使用【透视变形】命令？

答：【透视变形】命令特别适合处理出现透视扭曲的建筑图像和房屋图像。选择【编辑】|【透视变形】命令，图像上会出现提示，将其关闭。在画面中单击并拖动鼠标，沿图像结构的平面绘制四边形。拖动四边形各边上的控制点，使其与结构中的直线平行。

单击工具控制面板中的【变形】按钮，切换到变形模式。单击并拖动画面中的控制点，然后按Enter键应用变形。最后使用【裁剪】工具将图像空白区域裁掉。

Photoshop数码照片处理入门与进阶(第2版)

●问：如何使用【内容识别缩放】命令？

答：【内容识别缩放】命令可以在缩放图像时保护主体对象不变形，选择【编辑】|【内容识别缩放】命令，在图像中显示定界框。向左拖动控制点对图像进行缩放，从缩放结果中可以看到，人物有所变形。

单击控制面板中的【保护肤色】按钮，Photoshop会自动分析图像，尽量避免包含皮肤颜色的区域变形。此时画面虽然变窄，但人物比例和结构没有明显的变化。按Enter键确认操作，如果要取消变形，可以按Esc键。

通过内容识别功能缩放图像时，如果Photoshop不能识别重要的对象，并且单击【保护肤色】按钮也无法改善变形效果，则可以通过Alpha通道来指定哪些重要内容需要保护。根据需要保护的内容创建选区，然后在【通道】面板中单击【将选区存储为通道】按钮，创建Alpha通道，按Ctrl+D快捷键取消选区。选择【编辑】|【内容识别缩放】命令，在控制面板中的【保护】下拉列表中选择【Alpha1】，通道中的白色区域所对应的图像会受到保护。

●问：使用Photoshop制作PDF演示文稿？

答：选择【文件】|【自动】|【PDF演示文稿】命令，打开【PDF演示文稿】对话框。单击【浏览】按钮，在弹出的对话框中选择演示文稿所需的图像文件，单击【打开】按钮，将它们添加到【PDF演示文稿】对话框的列表中。添加图像文件后，在【输出选项】选项组中，选中【演示文稿】单选按钮，可以激活【演示文稿选项】选项组中的选项。通过【演示文稿选项】选项组中的选项可以设置演示文稿的换片时间、播放形式和过渡效果等。

●问：使用Photoshop制作联系表？

答：使用【联系表II】命令可以为指定的文件夹中的图像创建缩览图。通过缩览图可以轻松地预览一组图像或者对其进行编目。例如，可以为保存照片的光盘创建索引目录，以后查找照片就非常方便。

首先将需要创建为联系表的图片保存在一个文件夹中，然后选择【文件】|【自动】|【联系表II】命令，打开【联系表II】对话框。在【使用】下拉列表中选择【文件夹】选项，单击【选取】按钮，在打开的【选择文件夹】对话框中选择图片所在的文件夹，单击【确定】按钮关闭对话框。

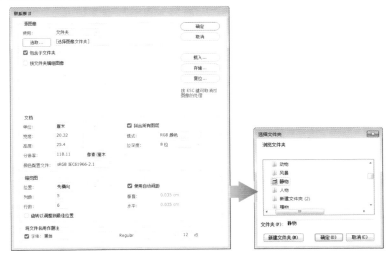

在【联系表Ⅱ】对话框的【文档】选项组中，可以设置联系表的【宽度】、【高度】、【分辨率】和【模式】等选项，如果选中【拼合所有图层】复选框，则创建联系表后，图层将被拼合。

在【缩览图】选项组中可以设置缩览图的行数、列数和排列方式。在【位置】下拉列表中选择【先横向】，缩览图为横向排列；选择【先纵向】，缩览图为纵向排列。选中【使用自动间距】复选框，Photoshop会自动设置缩览图的间隔。选中【旋转以调整到最佳位置】复选框，则Photoshop会根据需要旋转缩览图，以使其在文件中最大化显示。

在【将文件名用作题注】选项组中，可以使用文件名作为缩览图的说明文字，并可在该选项组内选择字体，设置字体大小。

单击【确定】按钮，即可生成联系表。如果图片数量超过了一个页面，则Photoshop会自动创建【联系表-002】，依此类推，直至创建所有图片的缩览图。创建的联系表可以保存，并能够打印。生成联系表时需要一定的处理时间，图片越多，分辨率越高，处理的时间就越长。

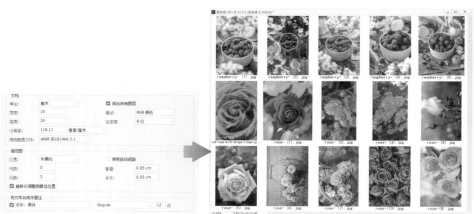

第3章

修复有瑕疵的数码照片

修复数码照片的瑕疵是其后期处理过程的基础。Photoshop提供了多种修复工具和命令，使用这些工具和命令处理数码照片后可以使图像画面更加完美，便于进一步进行图像画面的后期修饰。

对应光盘视频

3.1 数码照片的修复与完善

Photoshop提供了很多处理照片的工具，可对照片进行修复、修饰。快速掌握每个工具的相关用途和使用方法可以改善照片图像品质，为后期的进一步处理打下坚实基础。

3.1.1 【仿制图章】工具

在Photoshop中，使用图章工具组中的工具可以通过提取图像中的像素样本来修复图像。【仿制图章】工具可以将取样的图像应用到其他图像或同一图像的其他位置，该工具常用于复制对象或去除图像中的缺陷。

选择【仿制图章】工具 ⚊ 后，在控制面板中设置工具，按住Alt键在图像中单击创建参考点，然后释放Alt键，按住鼠标在图像中拖动即可仿制图像。对【仿制图章】工具可以使用任意的画笔笔尖，更加准确地控制仿制区域的大小。还可以通过设置不透明度和流量来控制对仿制区域应用绘制的方式。通过控制面板即可进行相关选项的设置。

知识点滴

选中【对齐】复选框，可以对图像画面连续取样，而不会丢失当前设置的参考点位置，即使释放鼠标后也是如此；禁用该项，则会在每次停止并重新开始仿制时，使用最初设置的参考点位置。默认情况下，【对齐】复选框为启用状态。

【例3-1】使用【仿制图章】工具修复图像画面。

🎬 视频+素材 (光盘素材\第03章\例3-1)

01 选择【文件】|【打开】命令，打开图

像文件，单击【图层】面板中的【创建新图层】按钮创建新图层。

02 选择【仿制图章】工具，在控制面板中设置一种画笔样式，在【样本】下拉列表中选择【所有图层】选项。

03 按住Alt键在要修复部位附近单击鼠标左键设置取样点。然后在要修复部位按住鼠标左键涂抹。

进阶技巧

【仿制图章】工具并不限定在同一个图像中进行，也可以把某个图像的局部内容复制到另一个图像之中。在进行不同图像之间的复制时，可以将两个图像并排排列在Photoshop窗口中，以便对照源图像的复制位置以及目标图像的复制结果。

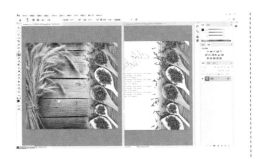

3.1.2 【污点修复画笔】工具

使用【污点修复画笔】工具 ✐.可以快速去除画面中的污点、划痕等图像中不理想的部分。【污点修复画笔】的工作原理是从图像或图案中提取样本像素来涂改需要修复的地方，使需要修改的地方与样本像素在纹理、亮度和透明度上保持一致，从而达到使用样本像素遮盖需要修复的地方的目的。

使用【污点修复画笔】工具不需要进行取样定义样本，只要确定需要修补图像的位置，然后在需要的修补的位置单击并拖动鼠标，释放鼠标左键即可修复图像中的污点。

- - - - - - - - - - - - - - - - - ▶

【例3-2】使用【污点修复画笔】工具修复图像。

🎬 视频+素材 (光盘素材\第03章\例3-2)

◀ - - - - - - - - - - - - - - - - -

01 选择【文件】|【打开】命令，打开图像文件，并在【图层】面板中单击【创建新图层】按钮新建【图层1】。

02 选择【污点修复画笔】工具，在控制面板中设置画笔【大小】数值为30像素，【硬度】数值为0%，【间距】数值为1%，单击【类型】选项中的【内容识别】按钮，并选中【对所有图层取样】复选框。

03 使用【污点修复画笔】工具直接在图像中需要去除的地方涂抹，就能立即修掉要修复的地方；若修复点较大，可在控制面板中调整画笔大小再涂抹。

知识点滴

在【类型】选项中，单击【近似匹配】按钮，将使用选区边缘周围的像素用作选定区域修补的图像区域；单击【创建纹理】按钮，将使用选区中的所有像素创建一个用于修复该区域的纹理；单击【内容识别】按钮，会自动使用相似部分的像素对图像进行修复，同时进行完整匹配。

3.1.3 【修复画笔】工具

　　【修复画笔】工具 ✐ 与仿制工具的使用方法基本相同，其也可以利用图像或图案中提取的样本像素来修复图像。但该工具可以从被修饰区域的周围取样，并将样本的纹理、光照、透明度和阴影等与所修复的像素匹配，从而去除照片中的污点和划痕。

　　选择【修复画笔】工具后，在控制面板中设置工具，然后按住Alt键在图像中单击创建参考点，然后释放Alt键，按住鼠标在图像中拖动即可修复图像。

- -

　　【例3-3】使用【修复画笔】工具修复图像。

📀 视频+素材 (光盘素材\第03章\例3-3)

◀ - - - - - - - - - - - - - - - -

01 选择【文件】|【打开】命令打开图像文件，单击【图层】面板中的【创建新图层】按钮创建新图层。

02 选择【修复画笔】工具，并在控制面板中单击打开【画笔】拾取器，根据需要设置画笔大小为200像素，在【模式】下拉列表中选择【替换】选项，在【源】选项中单击【取样】按钮，选中【对齐】复选框，在【样本】下拉列表中选择【所有图层】。

03 按住Alt键在附近区域单击鼠标左键设

置取样点，然后在图像中涂抹，即可遮盖掉图像区域。

知识点滴

　　【源】选项中，单击【取样】按钮，表示使用【修复画笔】工具对图像进行修复时，以图像区域中某处颜色作为基点；单击【图案】按钮，可在其右侧的拾取器中选择已有的图案用于修复。

3.1.4 【修补】工具

　　【修补】工具 ⊕ 可以使用图像中其他区域或图案中的像素来修复选中的区域。【修补】工具会将样本像素的纹理、光照和阴影与源像素进行匹配。使用该工具时，用户既可以直接使用已经制作好的选区，也可以利用该工具制作选区。

　　在工具面板中选择【修补】工具，显示该工具的控制面板。该工具控制面板的【修补】选项中包括【源】和【目标】两个选项。选择【源】单选按钮时，将选区拖至要修补的区域，放开鼠标后，该区域的图像会修补原来的选区；如果选择【目标】单选按钮，将选区拖至其他区域时，可以将原区域内的图像复制到该区域。

进阶技巧

　　使用【修补】工具同样可以保持被修复区的明暗度与周围相邻像素相近，通常适用于范围较大、不太细致的修复区域。

【例3-4】使用【修补】工具修补图像画面。

🔘 视频+素材 (光盘素材\第03章\例3-4)

01 在Photoshop中，选择菜单栏中的【文件】|【打开】命令，选择打开一幅图像文件，并按Ctrl+J键复制背景图层。

02 选择【修补】工具，在工具控制面板中单击【源】按钮，然后将光标放在画面中单击并拖动鼠标创建选区。

03 将光标移动至选区内，按住鼠标左键并向周围区域拖动，将周围区域图像复制到选区内遮盖原图像。修复完成后，按Ctrl+D键取消选区。

进阶技巧

使用选框工具、【魔棒】工具或套索工具等创建选区后，可以用【修补】工具拖动选中的图像进行修补。

3.2 动态范围不足的后期补救

动态范围表示图像中所包含的从最暗至最亮的范围。动态范围越大，所能表现的层次越丰富，所包含的色彩空间也越广。数码相机的动态范围越大，它能同时记录的暗部细节和亮部细节越丰富。但在使用相机的自动动态范围功能拍摄时，很难既呈现更多的暗部细节，又不降低图像的对比度。因此，在拍摄完成后可以通过Photoshop对动态范围不足的图像进行补救。

3.2.1 控制照片亮度和对比度

亮度即图像的明暗，对比度表示的是图像中明暗区域最亮的白和最暗的黑之间不同亮度层级的差异范围，范围越大对比越大，反之则越小。【亮度/对比度】命令是一个简单直接的调整命令，使用该命令可以增亮或变暗图像中的色调。

选择【图像】|【调整】|【亮度/对比度】命令，打开【亮度/对比度】对话框。在对话框中通过拖动【亮度】和【对比度】滑块或在数值框中输入数值，即可设置图像的亮度、对比度。将【亮度】滑块向右移动会增加色调值并扩展图像高光，相反会减少色调值并扩展阴影。【对比度】滑块可扩展或收缩图像中色调值的总体范围。

- →

【例3-5】使用【亮度/对比度】命令调整图像。

🎬 视频+素材 (光盘素材\第03章\例3-5)

◀ -

01 在Photoshop中，选择【文件】|【打开】命令打开照片文件，按Ctrl+J键复制背景图层。

02 选择【图像】|【调整】|【亮度/对比度】命令，打开【亮度/对比度】对话框。将【亮度】滑块向右移动会增加色调值并扩展图像高光，相反会减少色调值并扩展阴影。【对比度】滑块可扩展或收缩图像中色调值的总体范围。设置【亮度】值为-50，【对比度】值为70，然后单击【确定】按钮应用调整。

3.2.2 使用【色调均化】命令

选择【图像】|【调整】|【色调均化】命令可重新分配图像中各像素的像素值。Photoshop会寻找图像中最亮和最暗的像素值，并且平均所有的亮度值，使图像中最亮的像素代表白色，最暗的像素代表黑色，中间各像素值按灰度重新分配。

如果图像中存在选区，则选择【色调均化】命令时，打开【色调均化】对话框。在对话框中，选中【仅色调均化所选区域】单选按钮，则仅均化选区内的像素。选中【基于所选区域色调均化整个图像】单选按钮，则可以按照选区内的像素均化整个图像的像素。

3.2.3 局部增光

【减淡】工具🔍通过提高图像的曝光度来提高图像的亮度，使用时在图像需要亮化的区域反复拖动即可亮化图像。

选择【减淡】工具后，其工具控制面板中各选项参数作用如下。

🎯 【范围】：在该下拉列表中，【阴影】

选项表示仅对图像的暗色调区域进行亮化；【中间调】选项表示仅对图像的中间色调区域进行亮化；【高光】选项表示仅对图像的亮色调区域进行亮化。

🔘 【曝光度】：用于设定曝光强度。可以直接在数值框中输入数值或单击右侧 ▶ 的按钮，然后在弹出的滑杆上拖动滑块来调整。

3.2.4 ◀ 局部减光

【加深】工具用于降低图像的曝光度，通常用来加深图像的阴影，或对图像中有高光的部分进行暗化处理。【加深】工具的控制面板与【减淡】工具的控制面板内容基本相同，但使用它们产生的图像效果刚好相反。

- ▶

【例3-6】使用【加深】工具调整图像。
📀 视频+素材 （光盘素材\第03章\例3-6）

◀ -

01 在Photoshop中，选择【文件】|【打开】命令打开照片文件，按Ctrl+J键复制【背景】图层。

02 选择【加深】工具，在控制面板中设置柔边圆画笔样式，单击【范围】下拉按钮，从弹出的列表中选择【阴影】选项，设置【曝光度】数值为30%，然后使用【加深】工具在图像中按住鼠标进行拖动加深颜色。

3.3　数码照片曝光过度和不足的补救

只有拍摄照片时正确捕捉光线，才能使照片呈现出曼妙光彩。如果照片曝光不正确，则会造成拍摄出的图像太暗或太亮。此时，图像画面会缺乏层次感，这就需要通过后期对照片的影调进行调整。

3.3.1 ◀ 使用【曝光度】命令

【曝光度】命令用于调整曝光不足的图像文件。选择【图像】|【调整】|【曝光度】命令，打开【曝光度】对话框。在对话框中，【曝光度】选项调整色调范围的高光端，对极限阴影的影响很轻微。【位移】选项使阴影和中间调变暗，对高光的影响很轻微。【灰度系数校正】选项使用简单的乘方函数调整图像灰度系数。

【例3-7】使用【曝光度】命令调整图像。
📀 视频+素材 (光盘素材\第03章\例3-7)

◀ -

01 在Photoshop中，选择【文件】|【打开】命令打开照片文件，按Ctrl+J键复制【背景】图层。

02 选择【图像】|【调整】|【曝光度】命令，打开【曝光度】对话框。设置【曝光度】数值为1.35，【灰度系数校正】数值为1.60，然后单击【确定】按钮。

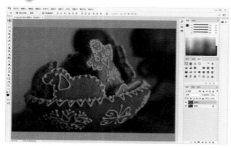

进阶技巧

在对话框中，使用【设置黑场吸管】工具在图像中单击，可以使单击点的像素变为黑色；【设置白场吸管】工具可以使单击点的像素变为白色；【设置灰场吸管】工具可以使单击点的像素变为中度灰色。

3.3.2 使用【色阶】命令

在Photoshop中，可以使用【色阶】命令调整图像的阴影、中间调和高光的强度级别，从而校正图像的色调范围和色彩平衡。【色阶】对话框中的直方图可以作为调整图像基本色调的直观参考。

【例3-8】使用【色阶】命令调整图像。
📀 视频+素材 (光盘素材\第03章\例3-8)

01 在Photoshop中，选择【文件】|【打开】命令打开照片文件，按Ctrl+J键复制【背景】图层。

02 选择菜单栏中的【图像】|【调整】|【色阶】命令，打开【色阶】对话框。在对话框中，设置【输入色阶】数值为89、

0.90、255。

进阶技巧

【输入色阶】用于调节图像的色调对比度，它由【暗调】、【中间调】及【高光】3个滑块组成。滑块往右移动图像越暗，反之则越亮。下端文本框内显示设定结果的数值，也可通过改变文本框内的值对【色阶】进行调整。【输出色阶】可以调节图像的明度，使图像整体变亮或变暗。左边的黑色滑块用于调节深色系的色调，右边的白色的滑块用于调节浅色系的色调。

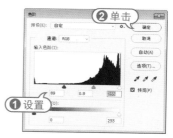

03 在对话框中的【通道】下拉列表中选择【蓝】选项，设置【输入色阶】数值为0、1.11、250，然后单击【确定】按钮应用【色阶】命令。

知识点滴

在对话框中还有3个吸管按钮，即【设置黑场】、【设置灰场】、【设置白场】。【设置黑场】按钮的功能是选定图像的某一色调。【设置灰场】按钮的功能是将比选定色调暗的颜色全部处理为黑色。【设置白场】按钮的功能是将比选定色调亮的颜色全部处理为白色，并将与选定色调相同的颜色处理为中间色。

3.3.3 使用【曲线】命令

与【色阶】命令相似，【曲线】命令也可以用来调整图像的色调范围。但是，【曲线】命令不是通过定义暗调、中间调和高光3个变量来进行色调调整的，它可以对图像的R(红色)、G(绿色)、B(蓝色)和RGB 4个通道中0~255范围内的任意点进行色彩调节，从而创造出更多种色调和色彩效果。在菜单中选择【图像】|【调整】|【曲线】命令，打开【曲线】对话框。

【例3-9】使用【曲线】命令调整图像。
📹视频+素材 (光盘素材\第03章\例3-9)

01 在Photoshop中，选择【文件】|【打开】命令打开照片文件，按Ctrl+J键复制背景图层。

02 选择【图像】|【调整】|【曲线】命令，打开【曲线】对话框。在对话框的曲

线调节区内，调整RGB通道曲线的形状。

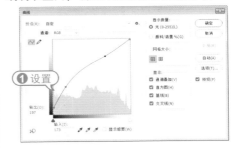

03 在【通道】下拉列表中选择【红】通道选项。然后在曲线调节区内，调整红通道曲线的形状。

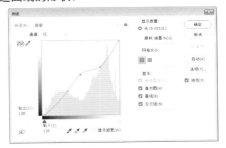

04 在【通道】下拉列表中选择【蓝】通道选项。然后在曲线调节区内，调整蓝通道曲线的形状，最后单击【确定】按钮。

进阶技巧

在对话框中，单击【铅笔】按钮，可以使用【铅笔】工具随意在图表中绘制曲线形态。绘制完成后，还可以通过单击对话框中的【平滑】按钮，使绘制的曲线形态变得平滑。

3.3.4 使用【阴影/高光】命令

　　【阴影/高光】命令适用于校正由强逆光而形成剪影的照片，或者校正由于太接近相机闪光灯而有些发白的焦点。在用其他方式采光的图像中，这种调整也可使阴影区域变亮。

　　选择【图像】|【调整】|【阴影/高光】命令，打开【阴影/高光】对话框。在【阴影/高光】对话框中，可以通过移动【数量】滑块，或在数值框中输入百分比数值，以此来调整光照的校正量。数值越大，为阴影提供的增亮程度或者为高光提供的变暗程度也就越大。这样就可以同时调整图像中的阴影和高光区域。

　　启用【显示其他选项】复选框，【阴影/高光】对话框会提供更多的参数选项，从而可以更加精确地设置参数选项。

　　● 【阴影】选项组：可以将图像的阴影区域调亮。拖动【数量】滑块可以控制调整强度，该值越高，图像的阴影区域越亮；【色调】可以控制色调的修改范围，较小的值会限制只对较暗的区域进行校正；【半径】可以控制每个像素周围的局部相邻像素的大小，相邻像素用于确定像素是在阴影中还是在高光中。

　　● 【高光】选项组：可以将图像的高光区域调暗。【数量】可以控制调整强度，该值越高，图像的高光区域越暗；【色调】可以控制色调的修改范围，较小的数值只对较亮的区域进行校正；【半径】可以控制每个像素周围的局部相邻像素的大小。

【例3-10】使用【阴影/高光】命令调整图像效果。

（）视频+素材 (光盘素材\第03章\例3-10)

◀━━━━━

01 在Photoshop中，选择【文件】|【打开】命令打开照片文件，按Ctrl+J键复制【背景】图层。

02 选择【图像】|【调整】|【阴影/高光】命令，打开【阴影/高光】对话框。设置阴影【数量】数值为45%，设置高光【数量】数值为35%。

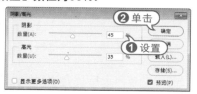

03 选中【显示更多选项】复选框，在【阴影】选项组中设置【色调】数值为20%，在【高光】选项组中设置【色调】数值为35%。

知识点滴

　　【修剪黑色】/【修剪白色】数值可以指定在图像中将多少阴影和高光剪切到新的极端阴影(色阶为0，黑色)和高光(色阶为255，白色)颜色。该值越高，色调的对比度越强。

04 设置完成后，单击【确定】按钮关闭
【阴影/高光】对话框应用设置。

3.3.5 模拟各种光晕效果

　　【镜头光晕】命令可以模拟亮光照射
到相机镜头所产生的折射效果。【滤镜】|
【渲染】|【镜头光晕】命令，打开【镜头
光晕】对话框，首先将光标放置到预览窗
口中定位光晕位置，然后通过设置亮度值
及镜头类型修改光晕效果。

- ▶

【例3-11】使用【镜头光晕】滤镜调整
图像。
🎬 视频+素材 (光盘素材\第03章\例3-11)

◀ -

01 在Photoshop中，选择【文件】|【打
开】命令，打开一幅素材图像，并按Ctrl+J

键复制【背景】图层。

02 选择【滤镜】|【渲染】|【镜头光
晕】命令，打开【镜头光晕】对话框。在
预览图中单击设置光源起始点，选中【电
影镜头】单选按钮，设置【亮度】数值为
130%，然后单击【确定】按钮。

3.4 数码照片降噪与锐化

　　使用数码相机拍摄时，如果使用很高的ISO设置、曝光不足或者用较慢的快门速
度在暗光区域中拍摄，就可能会出现噪点、杂色现象。简单地对数码照片作降噪处理
很容易导致图像模糊或细节丢失。因此，对数码照片进行降噪处理后，再进行锐化可
较好地改善照片的噪点现象，锐化图像细节，从而避免图像模糊与细节丢失问题。

3.4.1 去除照片中的杂色

　　图像中的杂色可能是呈杂乱斑点状的
明亮度杂色，也可能是显示为彩色伪像的
颜色杂色。应用【减少杂色】滤镜，可有
效改善图像的品质。【减少杂色】滤镜可
基于影像整个图像或各个通道的设置保留
边缘，同时减少杂色。在【减少杂色】对
话框中，选中【高级】单选按钮可显示更

多选项。单击【每通道】标签即可显示该
面板，在面板中可以分别对不同的通道进
行减少杂色参数的设置。

- ▶

【例3-12】使用【减少杂色】滤镜调整
图像。
🎬 视频+素材 (光盘素材\第03章\例3-12)

◀ -

01 在Photoshop中，选择【文件】|【打

开】命令打开照片文件，按Ctrl+J键复制
【背景】图层。

02 选择【滤镜】|【杂色】|【减少杂色】
命令，打开【减少杂色】对话框。在对话
框中，单击【高级】单选按钮，选中【移
去JPEG不自然感】复选框，设置【强度】
数值为6，【保留细节】数值为100%，
【减少杂色】数值为100%，【锐化细节】
数值为70%。

03 单击【每通道】选项卡，在【通道】
下拉列表中选择【绿】选项，设置【强
度】数值为5，【保留细节】数值为90%。

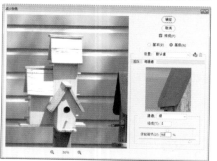

04 在【通道】下拉列表中选择【蓝】选

项，设置【强度】数值为5，【保留细节】
数值为90%，然后单击【确定】按钮。

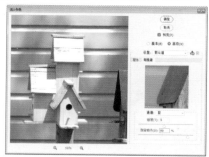

知识点滴

【强度】选项用来控制应用于图像
通道的亮度杂色减少量。【保留细
节】选项用来设置图像边缘和细节
的保留度，当该值为100%时，可
以保留大多数图像细节，但会将亮
度杂色减到最少。【减少杂色】选
项用来消除随机的颜色像素，该值
越高，减少的杂色越多。【锐化细
节】选项用来对图像进行锐化。选
中【移去JPEG不自然感】复选框，
可以去除由于使用低品质设置存储
图像而导致的图像斑驳感。

3.4.2 修复照片中的噪点

在环境光线较暗的情况下，使用数码
相机的慢快门或高ISO感光度进行拍摄，会
使拍摄的照片画面出现大量噪点。要修正
照片噪点问题，需要通过分别对各通道进
行模糊、锐化处理来完成。

1 使用【模糊】命令

【模糊】滤镜用于修饰图像，使图像
选区或整个图像模糊，让其显得柔和。

【模糊】滤镜中的【高斯模糊】、
【镜头模糊】等滤镜较为常用。选择【滤
镜】|【模糊】命令，可在弹出的子菜单中
选择具体的滤镜。

【例3-13】使用【模糊】滤镜去除图像噪点。

视频+素材 (光盘素材\第03章\例3-13)

01 在Photoshop中，选择【文件】|【打开】命令打开照片文件，按Ctrl+J键复制【背景】图层。

02 选择菜单栏中的【图像】|【模式】|【Lab颜色】命令，将照片的颜色模式进行修改，在弹出的提示对话框中单击【不拼合】按钮。

03 在【通道】面板中，单击选择a通道，并打开Lab通道视图，选择菜单栏中的【滤镜】|【模糊】|【高斯模糊】命令，在打开的【高斯模糊】对话框中，设置【半径】数值为5像素，单击【确定】按钮。

04 在【通道】面板中，单击选择b通道，选择菜单栏中的【滤镜】|【模糊】|【高斯模糊】命令，在打开的【高斯模糊】对话框中，设置【半径】数值为20像素，单击【确定】按钮。

05 在【通道】面板中，单击选择【明度】通道，选择菜单栏中的【滤镜】|【模糊】|【高斯模糊】命令，在打开的【高斯模糊】对话框中，设置【半径】数值为1.8像素，单击【确定】按钮关闭对话框，对明度通道进行模糊处理。

06 选择菜单栏中的【滤镜】|【锐化】|【USM锐化】命令，在打开的【USM锐化】对话框中设置【数量】数值为120%，【半径】数值为4像素，【阈值】数值为1色阶，单击【确定】按钮。

07 单击选择Lab通道，选择菜单栏中的

【图像】|【模式】|【RGB颜色】命令,将图像的色彩模式转换为RGB模式,在弹出的提示对话框中单击【不拼合】按钮。

2 使用【中间值】命令

【中间值】滤镜是专门用于去除图像中各种斑点的滤镜,其原理是将图像上的对象进行模糊处理,以此来去除斑点,因此,如果要在整个图像中使用该滤镜,会使图像中的所有对象都变得模糊。

【例3-14】使用【中间值】滤镜调整图像。
🎬 视频+素材 (光盘素材\第03章\例3-14)

01 在Photoshop中,选择【文件】|【打开】命令打开照片文件,按Ctrl+J键复制【背景】图层。

02 设置图层混合模式为【滤色】,【不透明度】数值为60%。

03 选择【滤镜】|【杂色】|【中间值】命令,打开【中间值】对话框。在对话框中设置【半径】数值为40像素,然后单击【确定】按钮应用设置。

04 单击【添加图层蒙版】按钮,添加图层蒙版。选择【画笔】工具,在控制面板中设置柔边画笔样式,【不透明度】数值为20%,然后在图像中擦除不需要保留的部分。

3.4.3 调整图像的锐化度

对数码照片进行降噪处理后,再进行锐化可较好地改善照片的噪点现象,锐化图像细节,从而避免图像模糊与细节丢失问题。

1 使用【锐化】工具

【锐化】工具是一种图像色彩锐化的工具,也就是增大像素间的反差,达到清晰边线或图像的效果。

在【锐化】工具的控制面板中，【模式】下拉列表用于设置画笔的锐化模式；【强度】文本框用于设置图像处理的锐化程度，参数数值越大，其锐化效果就越明显。启用【对所有图层取样】复选框，锐化处理可以对所有图层中的图像进行操作；禁用该复选框，锐化处理只能对当前图层中的图像进行操作。

【例3-15】使用【锐化】工具调整图像画面。
视频+素材（光盘素材\第03章\例3-15）

----

01 在Photoshop中，选择【文件】|【打开】命令打开照片文件，按Ctrl+J键复制【背景】图层。

02 选择【锐化】工具，在控制面板中设置画笔样式为300像素大小的柔边圆，在【模式】下拉列表中选择【变暗】选项，设置【强度】数值为40%。

03 使用【锐化】工具在图像画面中需要锐化的部分进行涂抹。

2 使用【USM锐化】命令

【USM锐化】滤镜可以查找图像中颜色发生显著变化的区域，并在边缘的每一侧生成一条亮线和暗线，使模糊的图像边缘更为突出，起到锐化照片的效果。

选择【滤镜】|【锐化】|【USM锐化】命令，打开【USM锐化】对话框。在对话框中，【数量】选项用来设置锐化效果的强度，数值越高，锐化效果越明显；【半径】选项用来设置锐化范围；【阈值】选项用来设置只有相邻像素之间的差值达到该值所设定的范围时才会被锐化。

【例3-16】使用【USM锐化】命令调整图像。
视频+素材（光盘素材\第03章\例3-16）

----

01 在Photoshop中，选择【文件】|【打开】命令打开照片文件，按Ctrl+J键复制【背景】图层。

02 选择【滤镜】|【锐化】|【USM锐化】命令，打开【USM锐化】对话框。在对话框中设置【数量】数值为95%，【半径】数值为2.5像素，然后单击【确定】按钮。

3 使用【高反差保留】命令

【高反差保留】滤镜可以在有强烈颜色转变发生的地方按指定半径保留边缘细节，并且不显示图像的其余部分，该滤镜对于从扫描图像中取出艺术线条和大的黑白区域非常有用。

【例3-17】使用【高反差保留】命令调整图像。

📹视频+素材（光盘素材\第03章\例3-17）

01 在Photoshop中，选择【文件】|【打开】命令打开照片文件，按Ctrl+J键复制【背景】图层。

02 选择【滤镜】|【其他】|【高反差保留】命令，在打开的【高反差保留】对话框中设置【半径】数值为2像素，单击【确定】按钮。

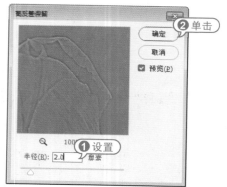

03 选择【图层1】图层，设置图层混合模式为【叠加】，使图像变得清晰。

❶设置

知识点滴

在对话框中，通过【半径】值可以调整原图像保留程度，该值越高，所保留的原图像像素越多。

4 使用通道锐化照片

通过转换颜色模式和使用滤镜命令的方法，可以增加照片的细节层次效果。通过将照片设置为Lab颜色模式，并对明度通道进行锐化，不仅不会损坏颜色，反而会增加照片的层次感。

【例3-18】使用通道锐化照片。

📹视频+素材（光盘素材\第03章\例3-18）

01 在Photoshop中，选择【文件】|【打开】命令打开照片文件，按Ctrl+J键复制【背景】图层。

02 选择【图像】|【模式】|【Lab颜色】命令，将照片的颜色模式进行转变。在弹出的提示对话框中选择【不拼合】按钮。

03 选择【通道】面板，单击【明度】通道。选择【明度】通道可以不改变画面颜色，只对图像明暗、对比进行调整，并打开Lab通道视图。

04 选择【滤镜】|【锐化】|【USM锐化】命令，在打开的【USM锐化】对话框中设置【数量】数值为170%，【半径】数值为3像素，【阈值】数值为1色阶，单击【确定】按钮关闭对话框。

05 选择菜单栏中的【图像】|【模式】|【RGB颜色】命令，将照片图像的模式转换为【RGB颜色】，在弹出的提示对话框中选择【不拼合】按钮。

3.4.4 增强主体轮廓

在Photoshop中，可以通过滤镜查找主体对象的边缘轮廓，提高画面清晰度。

【例3-19】增强主体轮廓。
视频+素材 (光盘素材\第03章\例3-19)

01 在Photoshop中，选择【文件】|【打开】命令打开照片文件，按Ctrl+J键复制【背景】图层。

02 在【通道】面板中选中【红】通道，并将【红】通道拖动至【创建新通道】按钮上释放，复制【红】通道。

03 选择【滤镜】|【滤镜库】命令，打开【滤镜库】对话框。在对话框中，选中【风格化】滤镜组中的【照亮边缘】滤镜。设置【边缘宽度】数值为2，【边缘亮度】数值为8，【平滑度】数值为15，然后单击【确定】按钮。

> **知识点滴**
>
> 通道是图像文件的一种颜色数据信息存储形式，它与图像文件的颜色模式密切关联，多个分色通道叠加在一起可以组成一幅具有颜色层次的图像。

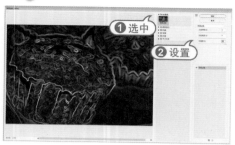

04 选择【图像】|【调整】|【色阶】命令，打开【色阶】对话框。在对话框中设置【输入色阶】数值为47、1.13、129，然后单击【确定】按钮。

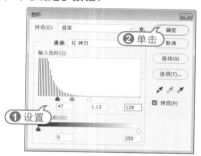

05 按Ctrl键单击【红 拷贝】通道缩览图载入选区，并选中RGB复合通道。

06 选择【滤镜】|【滤镜库】命令，打开【滤镜库】对话框。在对话框中，选择【艺术效果】滤镜组中的【绘画涂抹】滤镜，并设置【画笔大小】数值为1，【锐化程度】数值为9，然后单击【确定】按钮。

3.5 进阶实战

  本章的进阶实战部分通过修复逆光照片、修复曝光不足的照片和修复曝光过度的照片的综合实例操作，使用户通过练习从而巩固本章所学知识。

3.5.1 修复逆光照片

  在光源偏向一侧时，拍摄的照片常常会出现处于背光区域细节丢失的现象。在Photoshop中可以通过命令解决这一问题。

【例3-20】修复逆光照片。
🔾视频+素材▸(光盘素材\第03章\例3-20)

01 在Photoshop中，选择【文件】|【打开】命令打开照片文件，按Ctrl+J键复制【背景】图层。

02 在【调整】面板中，单击【创建新的曲线调整图层】图标。在打开的【属性】面板中，调整RGB通道的曲线形状。

03 选择【画笔】工具，在控制面板中设置柔边画笔样式，【不透明度】数值为20%，然后使用【画笔】工具在【曲线1】图层蒙版中涂抹人物面部暗色以外的区域。

04 按Alt+Shift+Ctrl+E键盖印图层，生成【图层2】。按Shift+Ctrl+Alt+2键载入选区。

05 在【调整】面板中，单击【创建新的曲线调整图层】图标。在打开的【属性】面板中，调整RGB通道的曲线形状。

06 在【图层】面板中，选中【图层2】图层，并按Ctrl+Alt+2键载入选区。

07 在【调整】面板中，单击【创建新的曲线调整图层】图标。在打开的【属性】面板中，调整RGB通道的曲线形状。

08 在【图层】面板中，选中【曲线2】图层，按Alt+Shift+Ctrl+E键盖印图层，生成【图层3】。在【调整】面板中，单击【创建新的色阶调整图层】图标。在打开的【属性】面板中，设置输入色阶数值为0、1.74、255。

09 使用【画笔】工具在【色阶1】图层蒙版中涂抹人物不需要提亮的区域。

10 在【图层】面板中，按Alt+Shift+Ctrl+E键盖印图层，生成【图层4】。选择【污点修复画笔】工具，去除面部斑点。

11 选择【滤镜】|【锐化】|【智能锐化】命令，打开【智能锐化】对话框。设置【数量】数值为200%，【半径】数值为1像素，【减少杂色】数值为20%，然后单击【确定】按钮。

12 在【调整】面板中，单击【创建新的色彩平衡调整图层】图标。在展开的【属性】面板中，设置中间调的色阶数值为35、-8、-8。

13 在【图层】面板中，选中【图层4】图层。选择【海绵】工具，在控制面板中，设置柔边圆画笔样式，在【模式】下拉列表中选择【加色】选项，设置【流量】数

值为30%，然后使用【海绵】工具涂抹人物面部需要加色的部位。

3.5.2 修复曝光不足的照片

照片曝光不足会使拍摄的主体发暗，缺乏亮度和对比度，在逆光环境下拍摄照片、曝光补偿设置不当、拍摄大面积浅色物体以及光线不够等都是造成照片曝光不足的常见原因。使用Photoshop可以修复曝光不足的照片。

【例3-21】修复曝光不足的照片。
视频+素材 (光盘素材\第03章\例3-21)

01 在Photoshop中，选择【文件】|【打开】命令打开照片文件，按Ctrl+J键复制【背景】图层。

02 在【图层】面板中，设置【图层1】图层的混合模式为【滤色】。

03 在【调整】面板中，单击【创建新的曝光度调整图层】图标。在展开的【属性】面板中，设置【曝光度】为1.25，【灰度系数校正】为0.70。

①设置

①设置

04 选择【画笔】工具，在控制面板中设置柔边画笔样式，【不透明度】为20%。使用【画笔】工具，在图像上方较亮的区域进行涂抹，利用调整图层蒙版遮盖图层区域被变亮的部分。

②设置
①选中 ③设置

05 按Shift+Ctrl+Alt+E键盖印图层，选择

【滤镜】|【锐化】|【USM锐化】命令，打开【USM锐化】对话框。在对话框中，设置【数量】数值为215%，【半径】数值为2像素，【阈值】数值为2色阶，然后单击【确定】按钮。

②单击
①设置

06 在【调整】面板中，单击【创建新的曲线调整图层】图标。在打开的【属性】面板中，调整RGB通道的曲线形状。

①设置

07 在【属性】面板中选择【红】通道，并调整红通道的曲线形状。

①选中
②设置

3.5.3 修复曝光过度的照片

曝光过度的照片会使得局部过亮从而

导致失真。要调整曝光过度的照片可以先对曝光过度的照片载入高光区域选区，降低其亮度，然后局部调整曝光度和色阶，恢复照片正常曝光下应有的效果。

【例3-22】修复曝光过度的照片。
视频+素材 (光盘素材\第03章\例3-22)

----

01 在Photoshop中，选择【文件】|【打开】命令打开照片文件，按Ctrl+J键复制【背景】图层。

02 选择【滤镜】|【风格化】|【曝光过度】命令。

知识点滴

【曝光过度】滤镜可以混合负片和正片图像，模拟出拍摄中增加光线强度而产生的过度曝光效果。该滤镜无对话框。

03 在【图层】面板中，设置图层混合模式为【差值】，【不透明度】为50%。

❶设置

04 在【调整】面板中，单击【创建新的可选颜色调整图层】图标。在打开的【属性】面板中，单击【颜色】下拉列表，从中选择【黄色】选项，设置【青色】数值为50%，【黄色】数值为-25%，【黑色】数值为80%。

❶设置

3.6 疑点解答

● 问：如何使用【海绵】工具？

答：【海绵】工具🔲可以精确地修改色彩的饱和度。如果图像是灰度模式，该工具可以通过使灰阶远离或靠近中间灰色来增加或降低对比度。

【海绵】工具的使用方法与【加深】、【减淡】工具类似。选择该工具后，在画面单击并拖动鼠标涂抹即可进行处理。选择【海绵】工具后，显示工具控制面板。

● ● 65 ● 模式：去色 ● 流量：50% ● ☑ 自然饱和度

⏺ 【模式】选项：该下拉列表中选择【去色】选项，可以降低图像颜色的饱和度；选择【加色】选项，可以增加图像颜色的饱和度。

⏺ 【流量】数值框：用于设置修改强度。该值越高，修改强度越大。

⏺ 【自然饱和度】复选框：选中该复选框，在增加饱度操作时，可以避免颜色过于饱和而出现溢色。

❓ 问：在Photoshop中如何创建与使用智能对象？

答：在Photoshop中，可以通过打开或置入的方法在当前图像文件中嵌入包含栅格或矢量图像数据的智能对象图层。智能对象图层将保留图像的源内容及其所有原始数据，从而可以使用户能够对图层执行非破坏性的编辑。

在图像文件中要创建智能对象，可以使用以下几种方法。

⏺ 使用【文件】|【打开为智能对象】命令，可将选择的图像文件作为智能对象在工作区中打开。

⏺ 使用【文件】|【置入嵌入的智能对象】命令，可以选择一幅图像文件作为智能对象置入到当前文档中。

⏺ 使用【文件】|【置入链接的智能对象】命令，可以选择一幅图像文件作为智能对象链接到当前文档中。

⏺ 在打开的图像文件的【图层】面板中，选中一个或多个图层，再选择【图层】|【智能对象】|【转为智能对象】命令可以将选中图层对象转换为智能对象。

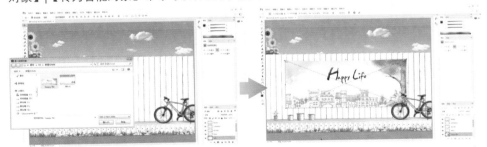

创建智能对象后，可以根据需要修改它的内容。若要编辑智能对象，可以直接双击智能对象图层中的缩览图，则智能对象便会打开相关联的软件进行编辑。而在关联软件中修改完成后，只要重新存储，就会自动更新Photoshop中的智能对象。

创建智能对象后，如果不是很满意，可以选择【图层】|【智能对象】|【替换内容】命令，打开【替换文件】对话框，重新选择文档替换当前选择的智能对象。

如果与智能对象链接的外部源文件发生改变，即不同步或丢失，则在Photoshop中打开文档时，智能对象的图标上会出现警告图标。如果智能对象与源文件不同步，选择【图层】|【智能对象】|【更新修改的内容】命令更新智能对象。选择【图层】|【智能对象】|【更新所有修改的内容】命令，可以更新当前文档中的所有链接的智能对象。如果要查看源文件的位置，可选择【图层】|【智能对象】|【在资源管理器中显示】命令。

如果智能对象的源文件丢失，Photoshop会弹出提示对话框，要求用户重新指定源文件。单击【重新链接】按钮，会弹出【查找缺失文件】对话框。在对话框中，重新选择源文件，单击【置入】按钮即可。

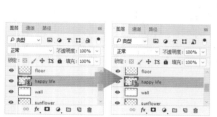

● 问：如何创建调整图层？

答：调整图层主要用来调整图像的影调和色彩，通过创建以【色阶】、【色彩平衡】、【曲线】等调整命令功能为基础的调整图层，用户可以单独对其下方图层中的图像进行调整处理，并且不会破坏其下方的原图像文件。

要创建调整图层，可选择【图层】|【新建调整图层】命令，在其子菜单中选择所需的调整命令；或在【图层】面板底部单击【创建新的填充或调整图层】按钮，在打开的菜单中选择相应的调整命令；或直接在【调整】面板中单击需要的命令图标，并在【属性】面板中调整参数选项创建调整图层。

第4章

数码照片的色彩校正

　　色彩是图像画面最好的视觉语言。独特的色彩风格，是拍摄者本身内心的感受和语言的传递。Photoshop提供了多种不同的色彩调整命令，用户可根据照片的具体情况，选择合适的命令调整照片色彩。

对应光盘视频

例4-1　使用自动调整命令
例4-2　使用【自然饱和度】命令
例4-3　使用【色相/饱和度】命令
例4-4　增强画面色彩层次感
例4-5　使用【色彩平衡】命令
例4-6　使用【照片滤镜】命令

例4-7　使用【匹配颜色】命令
例4-8　使用【可选颜色】命令
例4-9　使用【通道混和器】命令
例4-10　使用【HDR色调】命令
例4-11　使用【替换颜色】命令
本章其他视频文件参见配套光盘

4.1 自动调整数码照片的颜色和影调

Photoshop中的各项调整命令不仅可以快速调整数码照片的明暗影调，还可以根据画面的整体需要，快速对照片的色彩、色调进行自动处理。选择菜单栏中的【图像】|【自动色调】、【自动对比度】或【自动颜色】命令，即可自动调整图像效果。

💡 【自动色调】命令可以自动调整图像中的黑场和白场，将每个颜色通道中最亮和最暗的像素映射到纯白(色阶为255)和纯黑(色阶为0)，中间像素值按比例重新分布，从而增强图像的对比度。

💡 【自动对比度】命令可以自动调整一幅图像亮部和暗部的对比度。它将图像中最暗的像素转换为黑色，最亮的像素转换为白色，从而增大图像的对比度。

💡 【自动颜色】命令通过搜索图像来标识阴影、中间调和高光，从而调整图像的对比度和颜色。默认情况下，【自动颜色】使用RGB128灰色这一目标颜色来中和中间调，并将阴影和高光像素剪切0.5%。可以在【自动颜色校正选项】对话框中更改这些默认值。

【例4-1】使用自动调整命令调整图像效果。
🎬 视频+素材 (光盘素材\第04章\例4-1)

01 选择【文件】|【打开】命令打开图像

文件，并按Ctrl+J键复制【背景】图层。

02 选择【图像】|【自动色调】命令，再选择【图像】|【自动颜色】命令调整图像。

4.2 提高数码照片的饱和度

使用Photoshop中的相关命令提高数码照片的饱和度，不仅可以还原画面中对象的真实色彩，还可以提高画面的层次感。

4.2.1 使用【自然饱和度】命令

【自然饱和度】命令是用于调整色彩饱和度的命令，其特别之处在于增加图像饱和度的同时，可防止颜色过于饱和而出现溢色，非常适合处理人像照片的色彩。

【例4-2】使用【自然饱和度】命令调整图

像效果。
🎬 视频+素材 (光盘素材\第04章\例4-2)

01 选择【文件】|【打开】命令，打开素材照片。按Ctrl+J键复制【背景】图层。

02 选择菜单栏中的【图像】|【调整】|【自然饱和度】命令，打开【自然饱和度】对话框。在对话框中，拖动【自然饱和度】滑块至-10，【饱和度】滑块至-10，然后单击【确定】按钮。

4.2.2 使用【色相/饱和度】命令

【色相/饱和度】命令主要用于改变图像像素的色相、饱和度和明度，而且还可以通过给像素定义新的色相和饱和度，实现给灰度图像上色的功能，创作单色调效果。需要注意的是，由于位图和灰度模式的图像不能使用【色相/饱和度】命令，所以使用前必须先将其转化为RGB模式或其他的颜色模式。

选择【图像】|【调整】|【色相/饱和度】命令，或按Ctrl+U键，可以打开【色相/饱和度】对话框进行参数设置。对话框中有【色相】、【饱和度】和【明度】3个滑块，拖动相应的滑块可以调整图像颜色的色相、饱和度和明度。

单击颜色选项下拉列表旁的∨按钮，可以选择要调整的颜色。选择【全图】选项，然后拖动下面的滑块，可以调整图像中所有颜色的色相、饱和度和明度。选择其他选项，则可以单独调整红色、黄色、绿色和青色等颜色的色相、饱和度和明度。

知识点滴

单击【色相/饱和度】对话框中的按钮后，将光标放置在要调整的颜色上，单击并拖动鼠标即可修改单击点颜色的饱和度。向左拖动鼠标可降低饱和度，向右拖动可增加饱和度。如果按住Ctrl键拖动鼠标，则可以修改色相。

在【色相/饱和度】对话框中，还可以对图像进行着色操作。在对话框中，选中【着色】复选框，通过拖动【饱和度】和【色相】滑块来改变其颜色。

【例4-3】使用【色相/饱和度】命令调整图像效果。
视频+素材 (光盘素材\第04章\例4-3)

01 选择【文件】|【打开】命令，选择打开一幅图像文件，按Ctrl+J键复制图像【背景】图层。

02 选择【图像】|【调整】|【色相/饱和度】命令，打开【色相/饱和度】对话框。在对话框中，设置【色相】数值为25，【饱和度】数值为20。

03 在对话框中，设置通道为【洋红】，设置【饱和度】数值为35，然后单击【确定】按钮。

4.2.3 增强色彩层次

要增强数码照片的色彩层次，可以通过设置图层的混合模式来提高画面颜色的对比度，并丰富画面的色彩层次。

- -

【例4-4】增强画面色彩层次感。

🎬 视频+素材（光盘素材\第04章\例4-4）

01 选择【文件】|【打开】命令打开素材图像文件。

02 在【通道】面板中，按Ctrl键单击RGB通道，载入选区。

03 在【图层】面板中，按Ctrl+J键复制选区图像，创建【图层1】，并设置图层混合模式为【正片叠底】。

04 返回【通道】面板，按住Ctrl键单击【红】通道，载入选区。

05 返回【图层】面板，按Ctrl+J键复制选区图像，创建【图层2】，并设置图层混合模式为【正片叠底】，【不透明度】数值为30%。

06 返回【通道】面板，按住Ctrl键单击【绿】通道，载入选区。

07 按Shift+Ctrl+I键反选选区，返回【图层】面板，选中【图层1】，按Ctrl+J键复制选区图像，创建【图层3】，并设置图层【混合模式】为【深色】。

08 返回【通道】面板，按住Ctrl键单击【蓝】通道，载入选区。

09 按Shift+Ctrl+I键反选选区，返回【图层】面板，按Ctrl+J键复制选区图像，创建【图层4】，并设置图层混合模式为【正片叠底】，【不透明度】数值为55%。

4.3 调整数码照片的色调

使用Photoshop中常用的调整色彩命令，不仅可以还原数码照片在拍摄时造成的各种偏色问题，还可以为数码照片设置各种不同的色调效果。

4.3.1 使用【色彩平衡】命令

使用【色彩平衡】命令可以调整彩色图像中颜色的组成。因此，【色彩平衡】命令多用于调整偏色图片，或者用于特意突出某种色调范围的图像处理。

选择【图像】|【调整】|【色彩平衡】命令，或按Ctrl+B键，打开【色彩平衡】对话框。

在【色彩平衡】选项组中，【色阶】数值框可以调整RGB到CMYK色彩模式间对应的色彩变化，其取值范围为-100~100。用户也可以拖动数值框下方的颜色滑块向图像中增加或减少颜色。

在【色调平衡】选项组中，可以选择【阴影】、【中间调】和【高光】3个色调调整范围。选中其中任一单选按钮后，可以对相应色调的颜色进行调整。

知识点滴

在【色彩平衡】对话框中，选中【保持明度】复选框，则可以在调整色彩时保持图像明度不变。

【例4-5】使用【色彩平衡】命令调整图像。
视频+素材 (光盘素材\第04章\例4-5)

01 选择【文件】|【打开】命令打开素材图像文件，按Ctrl+J键复制图像【背景】图层。

02 选择【图像】|【调整】|【色彩平衡】命令，打开【色彩平衡】对话框。在对话框

中，设置中间调色阶数值为-50、-10、40。

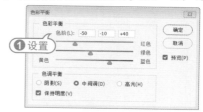

03 单击【阴影】单选按钮，设置阴影色阶数值为35、5、25，然后单击【确定】按钮应用设置。

4.3.2 使用【照片滤镜】命令

选择【图像】|【调整】|【照片滤镜】命令可以模拟通过彩色校正滤镜拍摄照片的效果。该命令允许用户选择预设的颜色或者自定义的颜色向图像应用色相调整。

【例4-6】使用【照片滤镜】命令调整图像。
视频+素材 (光盘素材\第04章\例4-6)

01 选择【文件】|【打开】命令打开素材图像文件，按Ctrl+J键复制图像【背景】图层。

02 选择【图像】|【调整】|【照片滤镜】命令，打开【照片滤镜】对话框。在对话框中的【滤镜】下拉列表中选择【深蓝】选项，设置【浓度】为47，然后单击【确定】按钮应用设置。

知识点滴

【照片滤镜】命令可用于校正照片的颜色。如拍摄的照片颜色偏红，可以针对其选用其补色的青色滤光镜来校正颜色，恢复照片的正常颜色。

4.3.3 使用【匹配颜色】命令

　　【匹配颜色】命令可以将一个图像(源图像)的颜色与另一个图像(目标图像)的颜色相匹配，它比较适合使多个图像的颜色保持一致。此外，该命令还可以匹配多个图层和选区之间的颜色。

　　选择【图像】|【调整】|【匹配颜色】命令，可以打开【匹配颜色】对话框。在【匹配颜色】对话框中，可以对其参数进行设置，使用同样的两张图像进行匹配颜色操作后，可以产生不同的视觉效果。【匹配颜色】对话框中各选项的作用如下。

　　【明亮度】：拖动此选项下方的滑块可以调节图像的亮度，设置的数值越大，得到的图像亮度越亮，反之则越暗。

　　【颜色强度】：拖动此选项下方的滑块可以调节图像的颜色饱和度，设置的数值越大，得到的图像所匹配的颜色饱和度越大。

　　【渐隐】：拖动此选项下方的滑块可以设置匹配后图像和原图像的颜色相近程度，设置的数值越大，得到的图像效果越接近颜色匹配前的效果。

　　【中和】：选中此复选框，可以自动去除目标图像中的色痕。

　　【源】：在下拉列表中可以选取要将其颜色与目标图像中的颜色相匹配的源图像。

　　【图层】：在此下拉列表中可以从要匹配其颜色的源图像中选取图层。

- ▶

【例4-7】使用【匹配颜色】命令调整图像。
　视频+素材 (光盘素材\第04章\例4-7)
- -

01 在Photoshop中，选择【文件】|【打开】命令，打开两幅图像文件，并选中1.jpg图像文件。

02 选择【图像】|【调整】|【匹配颜色】命令，打开【匹配颜色】对话框。在对话框的【图像统计】选项组的【源】下拉列表中选择2.jpg图像文件。

03 在【图像选项】选项组中，选中【中和】复选框，设置【渐隐】数值为50，【明亮度】数值为135，然后单击【确定】按钮。

4.3.4 使用【可选颜色】命令

　　【可选颜色】命令可以对限定颜色区域中各像素的青、洋红、黄、黑四色油墨进行调整，从而在不影响其他颜色的基础上调整限定的颜色。使用【可选颜色】命令可以有针对性地调整图像中某个颜色或校正色彩平衡等颜色问题。

　　选择【图像】|【调整】|【可选颜色】命令，可以打开【可选颜色】对话框。在

该对话框的【颜色】下拉列表框中，可以选择所需调整的颜色。

【例4-8】使用【可选颜色】命令调整图像。
📀视频+素材 (光盘素材\第04章\例4-8)

01 选择【文件】|【打开】命令打开素材图像文件，按Ctrl+J键复制图像【背景】图层。

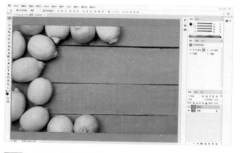

02 选择【图像】|【调整】|【可选颜色】命令，打开【可选颜色】对话框。在对话框的【颜色】下拉列表中选择【青色】选项，设置【青色】数值为-100%，【洋红】数值为50%，【黄色】数值为100%，【黑色】数值为50%，然后单击【确定】按钮。

知识点滴

对话框中的【方法】选项用来设置颜色调整方式。选中【相对】单选按钮，可按照总量的百分比修改现有的青色、洋红、黄色或黑色的含量。选中【绝对】单选按钮，则采用绝对值调整颜色。

4.4 制作特殊色彩效果

通过Photoshop对数码照片进行艺术色调的处理，可以将普通的数码照片转换为色彩丰富、视觉效果强烈的艺术照片。

4.4.1 使用【通道混和器】命令

【通道混和器】命令可以使用图像中现有(源)颜色通道的混合来修改目标(输出)颜色通道，从而控制单个通道的颜色量。利用该命令可以创建高品质的灰度图像，或者其他色调图像，也可以对图像进行创造性的颜色调整。

选择【图像】|【调整】|【通道混和器】命令，可以打开【通道混和器】对话框。选择的图像颜色模式不同，打开的【通道混和器】对话框也会略有不同。【通道混和器】命令只能用于RGB和CMYK模式图像，并且在执行该命令之前，必须在【通道】面板中选择主通道，而不能选择分色通道。

【预设】：可以在此选项的下拉列表中选择使用预设的通道混和器。

【输出通道】：可以选择要在其中混合一个或多个现有的通道。

【源通道】选项组：用来设置输出通道中源通道所占的百分比。将一个源通道的滑块向左拖动时，可减小该通道在输出通道中所占的百分比；向右拖动时，则增加百分比。【总计】选项显示了源通道的总计值。如果合并的通道值高于100%，Photoshop会在总计显示警告图标。

【常数】：用于调整输出通道的灰度值，如果设置的是负数值，会增加更多的黑色；如果设置的是正数值，会增加更多的白色。

【单色】：选中该复选框，可将彩色的图像变为无色彩的灰度图像。

【例4-9】使用【通道混和器】命令调整图像。

视频▶ (光盘素材\第04章\例4-9)

01 选择【文件】|【打开】命令打开素材图像文件，按Ctrl+J键复制图像【背景】图层。

02 选择【图像】|【调整】|【通道混和器】命令，打开【通道混和器】对话框。在对话框中设置【红】输出通道的【红色】数值为110%。

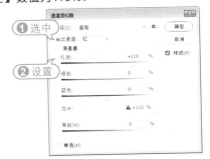

03 在对话框的【输出通道】下拉列表中选择【绿】选项,设置【红色】数值为35%,【绿色】数值为135%,【蓝色】数值为-65%,【常数】数值为-5%。

04 对话框的【输出通道】下拉列表中选择【蓝】选项,设置【红色】数值为-10%,【绿色】数值为35%,【蓝色】数值为130%,【常数】数值为-45%,然后单击【确定】按钮。

知识点滴

在【通道混和器】对话框中,单击【预设】选项右侧的【预设选项】按钮,在弹出的菜单中选择【存储预设】命令,打开【存储】对话框。在对话框中,可以将当前自定义参数设置存储为CHA格式文件。当重新执行【通道混和器】命令时,可以从【预设】下拉列表中选择自定义参数设置。

4.4.2 使用HDR色调

【HDR色调】命令可以用来修补太亮或太暗的图像,制作出高动态范围的图像效果,对于处理风景图像非常有用。选择【图像】|【调整】|【HDR色调】命令,打开【HDR色调】对话框,在该对话框中可以使用预设选项,也可以自己设定参数。

【例4-10】 使用【HDR色调】命令调整图像效果。

视频+素材 (光盘素材\第04章\例4-10)

01 选择【文件】|【打开】命令打开素材图像文件。

02 选择【图像】|【调整】|【HDR色调】命令,打开【HDR色调】对话框。在对话框的【方法】下拉列表中选择【局部适应】选项;在【边缘光】选项组中设置【半径】数值为274像素,【强度】数值为0.96;在【高级】选项组中设置【阴影】数值为3%,【自然饱和度】数值为12%。

03 设置完成后,单击【确定】按钮关闭

对话框。

4.4.3 使用【替换颜色】命令

使用【替换颜色】命令，可以创建临时性的蒙版，以选择图像中的特定颜色，然后替换颜色；也可以设置选定区域的色相、饱和度和亮度，或者使用拾色器来选择替换颜色。

【例4-11】使用【替换颜色】命令调整图像。

🎬 视频+素材 (光盘素材\第04章\例4-11)

01 选择【文件】|【打开】命令打开素材图像文件，按Ctrl+J键复制图像【背景】图层。

02 选择【图像】|【调整】|【替换颜色】命令，打开【替换颜色】对话框。在对话框中，设置【颜色容差】数值为30，然后使用【吸管】工具在图像沙滩椅区域中单击取样。

03 在对话框中，设置【色相】数值为-151，【饱和度】数值为44。

04 单击【替换颜色】对话框中的【添加到取样】按钮，在需要替换颜色的区域单击，然后单击【确定】按钮应用设置。

4.4.4 使用【渐变映射】命令

【渐变映射】命令用于将相等的图像灰度范围映射到指定的渐变填充色中，如果指定的是双色渐变填充，图像中的阴影会映射到渐变填充的一个端点颜色，高光则映射到另一个端点颜色，而中间调则映射到两个端点颜色之间的渐变。

【例4-12】使用【渐变映射】命令调整图像。

▶视频+素材 (光盘素材\第04章\例4-12)

01 选择【文件】|【打开】命令打开素材图像文件，按Ctrl+J键复制图像【背景】图层。

02 选择【图像】|【调整】|【渐变映射】命令，即可打开【渐变映射】对话框，通过单击渐变预览，打开【渐变编辑器】对话框。在对话框中单击【紫、橙渐变】，然后单击【确定】按钮，即可将该渐变颜色添加到【渐变映射】对话框中，再单击【渐变映射】对话框中的【确定】按钮，即可应用设置的渐变效果到图像中。

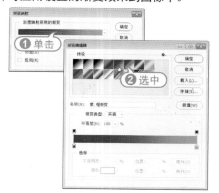

进阶技巧

渐变映射会改变图像色调的对比度。要避免出现这种情况，可在创建【渐变映射】调整图层后，将混合模式设置为【颜色】，可以只改变图像的颜色，不影响亮度。

03 在【图层】面板中，设置【图层1】图层的混合模式为【柔光】。

知识点滴

【渐变选项】选项组中包含【仿色】和【反向】两个复选框。选中【仿色】复选框时，在映射时将添加随机杂色，平滑渐变填充的外观并减少带宽效果；选中【反向】复选框时，则会将相等的图像灰度范围映射到渐变色的反向。

4.4.5 使用【应用图像】命令

【应用图像】命令用来混合大小相同的两个图像，它可以将一个图像的图层和通道(源)与现用图像(目标)的图层和通道混合。如果两个图像的颜色模式不同，则可以对目标图层的复合通道应用单一通道。选择【图像】|【应用图像】命令，打开【应用图像】对话框。

● 【源】选项：下拉列表列出当前所有打开图像的名称，默认设置为当前的活动图像，从中可以选择一个源图像与当前的活

动图像相混合。

🔹 【图层】选项：下拉列表中指定用源文件中的哪一个图层来进行运算。如果没有图层，则只能选择【背景】图层；如果源文件有多个图层，则下拉列表中除包含有源文件的各图层外，还有一个合并的选项，表示选择源文件的所有图层。

🔹 【通道】选项：在该下拉列表中，可以指定使用源文件中的哪个通道进行运算操作。

🔹 【反相】复选框：选中该复选框，可以将【通道】列表框中的蒙版内容进行反相。

🔹 【混合】选项：在下拉列表中选择合成模式进行运算。该下拉列表中增加了【相加】和【减去】两种合成模式，其作用是增加和减少不同通道中像素的亮度值。当选择【相加】或【减去】合成模式时，在下方会出现【缩放】和【补偿值】两个参数，设置不同的数值可以改变像素的亮度值。

🔹 【不透明度】选项：可以设置运算结果对源文件的影响程度。与【图层】面板中的不透明度作用相同。

🔹 【保留透明区域】复选框：该选项用于保护透明区域。选择该复选框，表示只对非透明区域进行合并。若在当前活动图像中选择了【背景】图层，则该选项不能使用。

🔹 【蒙版】复选框：若要为目标图像设置可选取范围，可以选择【蒙版】复选框，将图像的蒙版应用到目标图像。通道、图层透明区域，以及快速遮罩都可以作为蒙版使用。

- ▶

【例4-13】使用【应用图像】命令调整图像效果。

🎬视频+素材 (光盘素材\第04章\例4-13)

◀ - - - - - - - - - - - - - - - - - - -

🔲1 选择【文件】|【打开】命令，打开两幅素材图像。

🔲2 选中1.jpg图像文件，选择【图像】|【应用图像】命令，打开【应用图像】对话框。在对话框中的【源】下拉列表中选择"2.jpg"，在【混合】下拉列表中选择【叠加】。

🔲3 在【应用图像】对话框中，选中【蒙版】复选框，在【图像】下拉列表中选择1.jpg，在【通道】下拉列表中选择【蓝】选项。

🔲4 设置完成后，单击【确定】按钮关闭【应用图像】对话框应用图像调整。

4.4.6 使用【计算】命令

【计算】命令用于混合两个来自一个或多个源图像的单个通道，然后将结果应用到新图像或新通道，或活动图像的选区。如果使用多个源图像，则这些图像的像素尺寸必须相同。选择【图像】|【计算】命令，可以打开【计算】对话框。

💿 【源1】和【源2】选项：选择当前打开的源文件的名称。

💿 【图层】选项：在该下拉列表中选择相应的图层。在合成图像时，源1和源2的顺序安排会对最终合成的图像效果产生影响。

💿 【通道】选项：该下拉列表中列出了源文件相应的通道。

💿 【混合】选项：在该下拉列表中选择合成模式进行运算。

💿 【蒙版】复选框：若要为目标图像设置可选取范围，可以选择【蒙版】复选框，将图像的蒙版应用到目标图像中。通道、图层透明区域，以及快速遮罩都可以作为蒙版使用。

知识点滴

【结果】下拉列表用于指定一种混合结果。用户可以决定合成的结果是保存在一个灰度的新文档中，还是保存在当前活动图像的新通道中，或者将合成的效果直接转换成选取范围。

- ▶

【例4-14】使用【计算】命令调整图像。

🎬 视频+素材 (光盘素材\第04章\例4-14)

01 选择【文件】|【打开】命令，打开素材照片。按Ctrl+J键复制【背景】图层。

02 选择【图像】|【计算】命令，打开【计算】对话框。在对话框中，在源1的【通道】下拉列表中选择【蓝】选项，在源2的【通道】下拉列表中选择【红】选项，【混合模式】为【正片叠底】，然后单击【确定】按钮生成Alpha1通道。

03 在【通道】面板中，按Ctrl+A键全选Alpha1通道，再按Ctrl+C键复制。在【通道】面板中，选中【蓝】通道，并按Ctrl+V键将Alpha通道中的图像粘贴到蓝通道中。

04 在【通道】面板中，单击RGB复合通道。按Ctrl+D键取消选区。

05 选中【图层】面板，设置【图层1】图层混合模式为【正片叠底】。

4.5 数码照片黑白效果的处理方法

黑白照片具有独特的视觉效果。在Photoshop中，要将彩色照片转换为黑白照片，可以通过应用【去色】命令快速转换为黑白照片，也可以通过降低图像饱和度，或使用【黑白】命令，设置渐变映射等多种不同的操作方法来完成。

4.5.1 快速去色

若原照片的颜色深浅差异较大时，则可应用【去色】命令，把照片设置为黑白效果。【去色】命令的主要作用是将彩色照片转换为灰度图像，并且在转换过程中图像的颜色模式将不会发生改变。

【例4-15】使用【去色】命令调整图像。
🔲 视频+素材 (光盘素材\第04章\例4-15)

01 选择【文件】|【打开】命令打开素材图像文件，按Ctrl+J键复制图像【背景】图层。

02 选择【图像】|【调整】|【去色】命令，去掉照片的颜色。

知识点滴

在选择图像后，按Ctrl+Shift+U键可以快速去除选定图层的颜色。

4.5.2 使用【黑白】命令

【黑白】命令可将彩色图像转换为灰度图像，同时保持对各颜色的转换方式的完全控制。此外，也可以为灰度图像着色，将彩色图像转换为单色图像。

选择【图像】|【调整】|【黑白】命令，打开【黑白】对话框，Photoshop会基于图像中的颜色混合执行默认的灰度转换。

🔘 【预设】：在下拉列表中可以选择一个

预设的调整设置。如果要存储当前的调整设置结果为预设，可以单击该选项右侧的【预设选项】按钮，在弹出的下拉菜单中选择【存储预设】命令即可。

📌 颜色滑块：拖动各个颜色滑块可以调整图像中特定颜色的灰色调。

📌 【色调】：如果要对灰度应用色调，可选中【色调】选项，并调整【色相】和【饱和度】滑块。【色相】滑块可更改色调颜色，【饱和度】滑块可提高或降低颜色的集中度。单击颜色色板可以打开【拾色器】对话框调整色调颜色。

📌 【自动】：单击该按钮，可设置基于图像的颜色值的灰度混合，并使灰度值的分布最大化。【自动】混合通常会产生极佳的效果，并可以用作使用颜色滑块调整灰度值的起点。

进阶技巧

如果要对图像中某种颜色进行细致的调整，可将鼠标光标定位在该颜色区域上方，单击并按住鼠标，当光标变为👆形状时，拖动鼠标即可使该区域颜色变暗或变亮。同时，【黑白】对话框中的相应颜色滑块也会自动移动位置。

【例4-16】使用【黑白】命令调整图像。
🎬 视频+素材 (光盘素材\第06章\例4-16)

01 选择【文件】|【打开】命令打开素材图像文件，按Ctrl+J键复制图像【背景】图层。

02 选择【图像】|【调整】|【黑白】命令，打开【黑白】对话框。在对话框中，设置【红色】数值为-200%，【绿色】数值为100%，【蓝色】数值为-34%，【洋红】数值为117%。

03 选中【色调】复选框，设置【色相】数值为227°，【饱和度】数值为10%，然后单击【确定】按钮应用调整。

按住Alt键单击某个颜色的色板，可将其数值复位到初始设置。另外，按住Alt键时，对话框中的【取消】按钮将变为【复位】按钮，单击该按钮可将所有颜色数值复位到初始设置。

4.5.3 使用【阈值】命令

【阈值】命令可将彩色或灰阶的图像变成高对比度的黑白图像。在该对话框中可通过拖动滑块来改变阈值，也可在阈值色阶后面直接输入数值。当设定阈值时，所有像素值高于此阈值的像素点变为白色，低于此阈值的像素点变为黑色。

【例4-17】使用【阈值】命令调整图像。
视频+素材 (光盘素材\第04章\例4-17)

01 选择【文件】|【打开】命令打开素材图像文件，按Ctrl+J键复制图像【背景】图层。

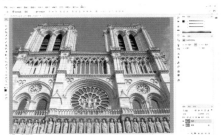

02 选择【图像】|【调整】|【阈值】命令，打开【阈值】对话框。在对话框中，设置【阈值色阶】数值为110，然后单击【确定】按钮。

4.5.4 使用通道转换

应用Lab模式中的明度通道转换彩色照片是当前比较流行的彩色转黑白照片的方法之一，是一种快速而简单的转换技术，能生成一种较明亮的黑白效果，适合于处理高色调低对比度的照片。

【例4-18】使用通道制作黑白图像。
视频+素材 (光盘素材\第04章\例4-18)

01 选择【文件】|【打开】命令打开素材图像文件。

02 选择【图像】|【模式】|【Lab颜色】命令，在【通道】面板中单击【明度】通道，即可显示黑白图像。

03 按Ctrl+A键全选【明度】通道中的图像，再按下Ctrl+C键复制此通道中的图像。返回至【图层】面板，单击【创建新图层】按钮，新建【图层1】图层。按Ctrl+V键将复制的【明度】通道中的图像粘贴到新图层中。

04 在【调整】面板中，单击【创建新的色阶调整图层】图标，打开【属性】面板。在【属性】面板中，设置【输入色阶】数值为71、0.91、230。

4.6　进阶实战

　　本章的进阶实战部分通过制作不同色调效果图像的综合实例操作，使用户通过练习从而巩固本章所学知识。

4.6.1　制作图像淡紫红色调

【例4-19】制作图像淡紫红色调效果。
🎬 视频+素材 (光盘素材\第04章\例4-19)

01 选择【文件】|【打开】命令打开素材图像文件。

02 在【调整】面板中，单击【创建新的曲线调整图层】图标，打开【属性】面板。在【属性】面板中，调整RGB通道曲线的形状提亮画面。

03 选择【画笔】工具，在控制面板中设置柔边圆画笔样式，设置【不透明度】数值为20%，然后涂抹画面中不需要提亮的部分。

04 按Shift+Ctrl+Alt+E键盖印图层，生成【图层1】图层。

05 在【调整】面板中，单击【创建新的曲线调整图层】图标，打开【属性】面板。在【属性】面板中选择【红】通道，并调整红通道的曲线形状。

06 在【属性】面板中选择【蓝】通道，并调整蓝通道的曲线形状。

07 在【调整】面板中，单击【创建新的曲线调整图层】图标，打开【属性】面板。在【属性】面板中，调整RGB通道的曲线形状。

08 在【属性】面板中选择【红】通道，并调整红通道的曲线形状。

09 在【属性】面板中选择【蓝】通道，并调整蓝通道的曲线形状。

10 在【调整】面板中，单击【创建新的可选颜色调整图层】图标，打开【属性】面板。在【属性】面板中，设置【红色】的【青色】数值为25%，【洋红】数值为10%，【黄色】数值为-15%。

11 在【颜色】下拉列表中选择【黄色】选项，设置【洋红】数值为-100%。

12 在【颜色】下拉列表中选择【黑色】选项，设置【黄色】数值为-20%。

13 在【图层】面板中，单击【创建新的填充或调整图层】按钮，从弹出的菜单中选择【渐变】命令，打开【渐变填充】对话框。在对话框中单击【渐变】预览条，打开【渐变编辑器】对话框。

14 在【渐变编辑器】对话框中，选中渐变条上的起始色标，单击【颜色】色块，打开【拾色器(色标颜色)】对话框。在对话框中，设置色标颜色为R:57 G:136 B:137，然后单击【确定】按钮关闭【拾色器(色标颜色)】对话框。再单击【渐变编辑器】对话框的【确定】按钮和【渐变填充】对话框的【确定】按钮关闭对话框。

15 在【图层】面板中，设置【渐变填充1】图层的混合模式为【叠加】，【不透明度】数值为60%。

16 在【图层】面板中，选中【渐变填充1】图层蒙版。使用【画笔】工具调整渐变填充的图层效果。

4.6.2 制作电影系浓郁色调

【例4-20】制作电影系浓郁色调效果。
🎬 视频+素材 (光盘素材\第04章\例4-20)

01 选择【文件】|【打开】命令，打开素材图像文件，并按Ctrl+J键复制【背景】图层。

02 选择【滤镜】|【Camera Raw滤镜】命令，打开【Camera Raw】对话框。在对话框中，选择【白平衡】工具在图像中单

击窗框部分的中性色，恢复图像白平衡，然后单击【确定】按钮。

03 按Ctrl+J键复制【图层1】图层，选择【滤镜】|【其他】|【高反差保留】命令，打开【高反差保留】对话框。在对话框中，设置【半径】数值为2像素，单击【确定】按钮。

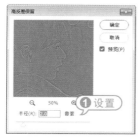

04 在【图层】面板中，设置【图层1拷贝】图层的混合模式为【叠加】。

05 按Shift+Ctrl+Alt+E键盖印图层，生成【图层2】图层。并按Shift+Ctrl+Alt+2键调出图像高光区域。

06 选择【选择】|【反选】命令，反选选区。在【调整】面板中，单击【创建新的照片滤镜调整图层】图标，打开【属性】

面板。在【属性】面板的【滤镜】下拉列表中选择【深祖母绿】选项，并设置【浓度】数值为70%。

07 选择【画笔】工具，在控制面板中设置柔边圆画笔样式，【不透明度】数值为20%，然后使用【画笔】工具在图层蒙版中涂抹人物面部。

08 按Shift+Ctrl+Alt+E键盖印图层，生成【图层3】图层。在【调整】面板中，单击【创建新的可选颜色调整图层】图标，打开【属性】面板。在【属性】面板中，设置红色的【青色】数值为-100%，【洋红】数值为55%，【黄色】数值为100%。

09 在【属性】面板的【颜色】下拉列表中选择【黑色】选项，设置黑色的【青色】数值为25%，【洋红】数值为12%，【黄色】数值为-15%。

4.6.3 制作图像清新色调

【例4-21】制作图像清新色调效果。
视频+素材 (光盘素材\第04章\例4-21)

01 选择【文件】|【打开】命令，打开素材图像文件，按Ctrl+J键复制【背景】图层。

02 选择【滤镜】|【Camera Raw滤镜】命令，打开【Camera Raw】对话框。在对话框的【基本】面板中，设置【色温】数值为-30，然后单击【确定】按钮。

03 在【调整】面板中，单击【创建新的曝光度调整图层】图标，打开【属性】面板。在【属性】面板中，设置【曝光度】数值为0.13，【灰度系数校正】数值为1.3。

04 在【调整】面板中，单击【创建新的色阶调整图层】图标，打开【属性】面板。在【属性】面板中，设置RGB通道输入色阶数值为11、1.55、255。

05 在【属性】面板中，选择【红】通道，并设置红通道输入色阶数值为8、1.07、247。

06 在【调整】面板中，单击【创建新的色彩平衡调整图层】图标，打开【属性】面板。在【属性】面板中，设置中间调色阶数值为-100、0、60。

07 选择【画笔】工具，在控制面板中设置柔边圆画笔样式，然后在【色彩平衡1】图层蒙版中涂抹人物部分。

08 在【调整】面板中，单击【创建新的可选颜色调整图层】图标，打开【属性】面板。在【属性】面板的【颜色】下拉列表中选择【洋红】选项，设置【青色】数值为60%，【黄色】数值为100%。

09 按Shift+Ctrl+Alt+E键盖印图层，生成【图层2】图层。选择【加深】工具，在控制面板中设置柔边圆画笔样式，【曝光度】数值为50%，然后使用【加深】工具加深人物的五官部分。

4.6.4 制作图像柔和的淡黄色调

【例4-22】制作图像柔和的淡黄色色调。
🎬视频+素材 (光盘素材\第04章\例4-21)

01 选择【文件】|【打开】命令，打开素材图像文件，按Ctrl+J键复制【背景】图层。

02 在【调整】面板中，单击【创建新的曲线调整图层】图标。在展开的【属性】面板中，调整RGB通道的曲线形状。

03 在【调整】面板中，单击【创建新的亮度/对比度调整图层】图标。在展开的【属性】面板中，设置【对比度】为45。

04 在【调整】面板中，单击【创建新的可选颜色调整图层】图标。在展开的【属性】面板中的【颜色】下拉列表中选择【黄色】选项，设置【青色】为-100%，【洋红】为11%，【黄色】为-31%。

05 在【属性】面板中的【颜色】下拉列表中选择【青色】选项，设置【黄色】为-83%。

06 在【属性】面板中的【颜色】下拉列表中选择【中性色】选项，设置【青色】为-30%。

07 按Shift+Ctrl+Alt+E键盖印图层，生成【图层2】图层。选择【修补】工具去除人

物的黑眼圈部分。

08 在【调整】面板中，单击【创建新的可选颜色调整图层】图标。在展开的【属性】面板中的【颜色】下拉列表中选择【白色】选项，设置【青色】为-82%，【洋红】为-40%，【黄色】为-11%，【黑色】为38%。

09 在【调整】面板中，单击【创建新的照片滤镜调整图层】图标。在展开的【属性】面板中，选中【颜色】单选按钮，单击颜色块，在打开的【拾色器】对话框中，设置颜色为R:162、G:143、B:14。

10 在【调整】面板中，单击【创建新的渐变映射调整图层】图标。在展开的【属性】面板中，单击编辑渐变，在打开的

【渐变编辑器】对话框中，选中【紫、橙渐变】预设渐变。并设置【渐变映射1】图层混合模式为【滤色】，【不透明度】为30%。

整RGB通道的曲线形状。

11 在【调整】面板中，单击【创建新的色相/饱和度调整图层】图标。在展开的【属性】面板中，设置【饱和度】为-25。

12 按Ctrl+Alt+2键调出高光区域，在【调整】面板中，单击【创建新的曲线调整图层】图标。在展开的【属性】面板中，调

4.7 疑点解答

● 问：如何通过降低照片色彩饱和度制作黑白图像？

答： Photoshop中的【色相/饱和度】命令不仅可以分别调整数码照片中单个颜色的色相、饱和度和明度，还可以快速降低全图的饱和度，使彩色照片变为黑白图像。在Photoshop中，选择【文件】|【打开】命令，打开一幅素材文件，并按Ctrl+J键复制【背景】图层。选择【图像】|【调整】|【色相/饱和度】命令，在打开的【色相/饱和度】对话框中，设置【饱和度】为-100，单击【确定】按钮。

选中【色相/饱和度】对话框中的【着色】复选框，会将图像转换成当前前景色的色相，且每个像素的明度值不会发生改变。

● 问：如何使用渐变映射制作黑白图像？

答：应用【渐变映射】命令能够获得更加生动的高对比度的黑白照片效果，通过在

【渐变映射编辑器】对话框中拖动色标滑块和设置【平滑度】参数，还能对照片的黑白对比度进行精细的调整，以达到黑白照片的艺术效果。在Photoshop中，选择【文件】|【打开】命令，打开一幅素材文件，并按Ctrl+J键复制【背景】图层。

在【调整】面板中单击【创建新的渐变映射调整图层】图标，打开【属性】面板。在【属性】面板中显示渐变映射选项，单击渐变预览条，打开【渐变编辑器】对话框。在【渐变编辑器】对话框中，选中【黑色】色标，设置【位置】为15%；选中【颜色中点】，设置【位置】为35%；选中【白色】色标，设置【位置】为90%。然后单击【确定】按钮。

● 问：填充图层的使用？

答：填充图层就是创建一个填充纯色、渐变或图案的新图层，也可以基于图像中的选区进行局部填充。选择【图层】|【新建填充图层】|【纯色】、【渐变】或【图案】命令，打开【新建图层】对话框即可创建填充图层，用户也可以单击【图层】面板底部的【创建新的填充或调整图层】按钮，从弹出的菜单中选择【纯色】、【渐变】或【图案】命令创建填充图层。

● 选择【纯色】命令后，将在工作区中打开【拾色器】对话框来指定填充图层的颜色。因为填充的为实色，所以将覆盖下面的图层显示。

● 选择【渐变】命令后，将打开【渐变填充】对话框。通过对话框的设置，可以创建一个渐变填充图层，并可以修改渐变的样式、颜色、角度和缩放等属性。

● 选择【图案】命令，将打开【图案填充】对话框。可以应用系统默认预设的图案来填充，也可以应用自定义的图案来填充，并可以修改图案的大小及图层的链接。

第5章

快速抠图技法

使用Photoshop进行照片处理时，离不开选区的操作。创建选区后，可对不同的图像区域进行调整、抠取等操作，实现对图像特定区域的精确掌控，从而使照片编辑效果更加完善。

对应光盘视频

5.1 规则选区的创建

对于图像中的规则形状，如矩形、圆形等对象来说，使用Photoshop提供的选框工具创建选区是最直接、方便的选择。

在【矩形选框】工具上按住鼠标左键，可以显示隐藏的各种选框工具。

其中【矩形选框】工具与【椭圆选框】工具是最为常用的选框工具，用于选取较为规则的选区。【单行选框】工具与【单列选框】工具用来创建直线选区。按下Alt键的同时使用【矩形选框】或【椭圆选框】工具进行拖动，将以鼠标单击的位置为中心创建选区；按Shift键的同时进行拖动，可以创建等比选区；按Shift+Alt键的同时进行拖动，从中心创建等比选区。

在实际操作过程中，使用选框工具创建选区并不能完全满足要求，因此可通过使用选框工具控制面板中的选项对选框工具进一步进行编辑设置。选框工具控制面板的功能大致相同，下面以【矩形选框】工具为例，介绍通过控制面板的设置创建规则选区的方法。

选区选项：可以设置选区工具工作模式，包括【新选区】、【添加到选区】、【从选区减去】、【与选区交叉】4个选项。

【羽化】：在数值框中输入数值，可以设置选区的羽化程度。对被羽化的选区填充颜色或图案后，选区内外的颜色柔和过渡，数值越大，柔和效果越明显。

【消除锯齿】：图像由像素点构成，而像素点是方形的，所以在编辑和修改圆形或弧形图形时，其边缘会出现锯齿效果。

选中该复选框，可以消除选区锯齿，平滑选区边缘。

【样式】：在【样式】下拉列表中可以选择创建选区时选区的样式。包括【正常】、【固定比例】和【固定大小】3个选项。【正常】为默认选项，可在操作文件中随意创建任意大小的选区；选择【固定比例】选项后，【宽度】及【高度】文本框被激活，在其中输入选区【宽度】和【高度】的比例，可以创建固定比例的选区；选择【固定大小】选项后，【宽度】和【高度】文本框被激活，在其中输入选区宽度和高度的像素值，可以创建固定像素值的选区。

【选择并遮住】按钮：单击该按钮可以打开【选择并遮住】工作区。能够帮助用户创建精准的选区和蒙版。使用【调整边缘画笔】等工具可清晰地分离前景和背景元素，并进行更多操作。

【例5-1】制作照片晕影暗角。
🔵视频+素材 (光盘素材\第05章\例5-1)

01 选择【文件】|【打开】命令，打开图像文件。

02 选择【椭圆选框】工具，在控制面板中设置【羽化】为100像素。然后使用【椭

圆选框】工具在图像中拖动创建选区。

03 按Shift+Ctrl+I键反选选区，在【图层】面板中，单击【创建新的填充或调整图层】按钮，在弹出的菜单中选择【纯色】命令。在弹出的【拾色器】对话框中，设置颜色为R:25、G:65、B:115，然后单击【确定】按钮。

04 在【图层】面板中，设置【颜色填充1】图层混合模式为【正片叠底】，【不透明度】为60%。

5.2 不规则选区的创建

在实际图像编辑操作的过程中，规则选区选取工具并不能满足需要。因此，Photoshop中还提供了多种不规则选区创建工具。

5.2.1 使用【套索】工具

在实际操作过程中，需要创建不规则选区时可以使用工具面板中的套索工具，其中包括【套索】工具、【多边形套索】工具和【磁性套索】工具。

【套索】工具 ρ.：以拖动光标的手绘方式创建选区范围，实际上就是根据光标的移动轨迹创建选区范围。该工具特别适用于对选取精度要求不高的操作。

【多边形套索】工具 ⬠.：通过绘制多个直线段并连接，最终闭合线段区域后创建出选区范围。该工具适用于对精度有一定要求的操作。

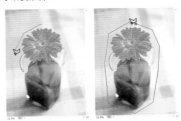

【磁性套索】工具 ⬠.：通过画面中颜色的对比自动识别对象的边缘，绘制出由连接点形成的连接线段，最终闭合线段区域后创建出选区范围。该工具特别适用于创建与背景对比强烈且边缘复杂的对象选区范围。

【磁性套索】工具控制面板在另外两种套索工具控制面板的基础上进行了一些拓展，除了基本的选取方式和羽化外，还可以对宽度、对比度和频率进行设置。当使用数位板时，还可以单击【使用绘图板压力以更改钢笔宽度】按钮。

- 【宽度】：该值决定了以光标中心为基准，其周围有多少个像素能够被工具检测到，如果对象的边界清晰，可使用一个较大的宽度值；如果边界不是特别清晰，则需要使用一个较小的宽度值。

- 【对比度】：用来设置工具感应图像边缘的灵敏度。较高的数值只检测与它们的环境对比鲜明的边缘；较低的数值则检测低对比度边缘。

- 【频率】：决定了使用【磁性套索】工具创建选区过程中创建的锚点。

【例5-2】使用套索工具合成图像。

📹 视频+素材 （光盘素材\第05章\例5-2）

◀——————

01 选择【文件】|【打开】命令打开图像文件。选择【多边形套索】工具，在控制面板中设置【羽化】为1像素。设置完成后，在图像文件中单击创建起始点，然后创建选区。

02 选择【文件】|【打开】命令，打开另一幅图像文件，按Ctrl+A键全选图像，并按Ctrl+C键复制选区内的图像。

03 再次选中步骤01打开的图像文件，选择【编辑】|【选择性粘贴】|【贴入】命令粘贴图像。

04 按Ctrl+T键应用【自由变换】命令，调整贴入的图像大小及位置。

进阶技巧

在使用【多边形套索】工具创建选区时，按住Alt键单击并拖动鼠标，可以切换为【套索】工具，放开Alt键可恢复为【多边形套索】工具。

5.2.2 快速蒙版抠图法

使用快速蒙版创建选区类似于使用快速选择工具的操作，即通过画笔的绘制方式来灵活创建选区。创建选区后，单击工具面板中的【以快速蒙版模式编辑】按钮，可以看到选区外转换为红色半透明的蒙版效果。

【以快速蒙版模式编辑】按钮位于工具面板的最下端，进入快速蒙版模式的快捷方式是直接按下Q键，完成蒙版的绘制后再次按下Q键切换回标准模式。

　　双击【以快速蒙版模式编辑】按钮，可以打开【快速蒙版选项】对话框。在对话框中的【色彩指示】选项组中，可以设置参数定义颜色表示被蒙版区域还是所选区域；在【颜色】选项组中可以定义蒙版的颜色和不透明度。

【例5-3】使用快速蒙版抠取图像。
视频+素材 (光盘素材\第05章\例5-3)

01 选择【文件】|【打开】命令，打开图像文件。

02 单击工具面板中的【以快速蒙版模式编辑】按钮，选择【画笔】工具，在工

具控制面板中单击打开【画笔预设】选取器，设置【大小】数值为155像素，【硬度】数值为80%。

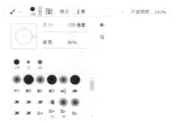

03 使用【画笔】工具在图像中主体部分进行涂抹，创建快速蒙版。

04 按下Q键切换回标准模式，选择【选择】|【反选】命令创建选区，并按Ctrl+C键复制选区内的图像。

05 选择【文件】|【打开】命令，打开另一幅图像文件。然后按Ctrl+V键粘贴图像，并按Ctrl+T键调整图像大小。

06 在【图层】面板中，双击【图层1】打开【图层样式】对话框。在对话框中，选中【投影】样式，设置【不透明度】为75%，【角度】数值为135度，【距离】数值为75像素，【大小】数值为84像素，然后单击【确定】按钮应用投影样式。

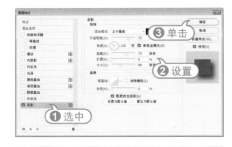

知识点滴

在快速蒙版模式下，通过绘制白色来删除蒙版，通过绘制黑色来添加蒙版区域。当转换到标准模式后绘制的白色区域将转换为选区。

5.3 根据颜色选取图像

在Photoshop中，除了可以根据对象的形状创建选区外，还可以通过对象的颜色差异创建选区。

5.3.1 使用【魔棒】工具

【魔棒】工具 ✐ 是根据图像的饱和度、色度或亮度等信息来创建对象的选取范围。用户可以通过调整容差值来控制选区的精确度。容差值可以在控制面板中进行设置，另外控制面板还提供了其他一些参数设置，方便用户灵活地创建自定义选区。

【取样大小】：设置取样点的像素范围大小。

【容差】数值框：用于设置颜色选择范围的误差值，容差值越大，所选择的颜色范围也就越大。

【消除锯齿】复选框：用于创建边缘较平滑的选区。

【连续】复选框：用于设置是否在选择

颜色选区范围时，对整个图像中所有符合该单击颜色范围的颜色进行选择。

【对所有图层取样】复选框：可以对图像文档中所有图层中的图像进行取样操作。

【例5-4】使用【魔棒】工具调整图像。
🎬视频+素材 (光盘素材\第05章\例5-4)

01 选择【文件】|【打开】命令，打开图像文件。

02 选择【魔棒】工具，在控制面板中单击【添加到选区】按钮，设置【容差】数值为50。然后使用【魔棒】工具在图像画面背景中单击创建选区。

03 按Ctrl+J键复制选区内的图像，并生成【图层1】图层。

04 选择【滤镜】|【模糊】|【径向模糊】命令，打开【径向模糊】对话框。在对话框中，选中【缩放】单选按钮，在【中心模糊】设置区中单击设置中心点，然后设置【数量】数值为75。

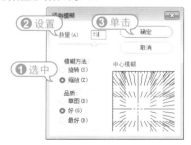

05 设置完成后，单击【确定】按钮关闭对话框，应用【径向模糊】滤镜。

06 在【图层】面板中，单击【添加图层蒙版】按钮为【图层1】添加图层蒙版。选

择【画笔】工具，在控制面板中设置画笔样式为100像素柔边圆，【不透明度】数值为30%，然后使用【画笔】工具调整图像效果。

进阶技巧

使用【魔棒】工具时，按住Shift键单击可添加选区；按住Alt键单击可在当前选区中减去选区；按住Shift+Alt键单击可得到与当前选区相交的选区。

5.3.2 使用【色彩范围】命令

在Photoshop中，使用【色彩范围】命令可以根据图像的颜色变化关系来创建选区，适用于颜色对比度大的图像。使用【色彩范围】命令可以选定一个标准色彩，或使用吸管工具吸取一种颜色，然后在容差设定允许的范围内，图像中所有在这个范围的色彩区域都将成为选区。

其操作原理和【魔棒】工具基本相同。不同的是，【色彩范围】命令能更清

晰地显示选区的内容，并且可以按照通道选择选区。选择【选择】|【色彩范围】命令，打开【色彩范围】对话框。

在对话框的【选择】下拉列表框中可以指定选中图像中的红、黄、绿等颜色范围，也可以根据图像颜色的亮度特性选择图像中的高亮部分，中间色调区域或较暗的颜色区域。选择该下拉列表框中的【取样颜色】选项，可以直接在对话框的预览区域中单击选择所需颜色，也可以在图像文件窗口中单击进行选择操作。

选中【检测人脸】复选框，可在选择人像或人物肤色时更加准确地选择肤色。

选中【本地化颜色簇】复选框后，拖动【范围】滑块可以控制要包含在蒙版中的颜色与取样点的最大和最小距离。

移动【颜色容差】选项的滑块或在其文本框中输入数值，可以调整颜色容差的参数。

选中【选择范围】或【图像】单选按钮，可以在预览区域预览选择的颜色区域范围，或者预览整个图像以进行选择操作。

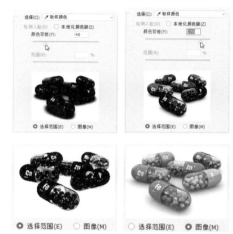

选择【选区预览】下拉列表框中的相关预览方式，可以预览操作时图像文件窗口的选区效果。

【吸管】工具 / 【添加到取样】工具 / 【从取样减去】工具 用于设置选区后，添加或删除需要的颜色范围。

【反相】复选框用于反转取样的色彩范围的选区。它提供了一种在单一背景上选择多个颜色对象的方法，即用【吸管】工具选择背景，然后选中该复选框以反转选区，得到所要对象的选区。

【例5-5】使用【色彩范围】命令创建选区。
视频+素材 (光盘素材\第05章\例5-5)

01 选择【文件】|【打开】命令打开图像文件，按Ctrl+J键复制【背景】图层。

02 选择【选择】|【色彩范围】命令，在弹出的对话框中设置【颜色容差】为60，

然后使用【吸管】工具在图像文件中单击。

03 在对话框中，单击【添加到取样】按钮，继续在图像中单击添加选区。

04 设置完成后，单击【确定】按钮关闭对话框，在图像文件中创建选区。

05 在【调整】面板中，单击【设置新的色相/饱和度调整图层】图标，在打开的

【属性】面板中，选中【着色】复选框，设置【色相】数值为115。

5.3.3 使用【快速选择】工具

【快速选择】工具结合了【魔棒】工具和【画笔】工具的特点，以画笔绘制的方式在图像中拖动创建选区，【快速选择】工具会自动调整所绘制的选区大小，并寻找到边缘使其与选区分离。结合Photoshop中的调整边缘功能可以获得更加准确的选区。图像主体与背景相差较大的图像可以使用【快速选择】工具快速创建选区。并且在扩大颜色范围，连续选取时，其自由操作性相当高。要创建准确的选区首先需要在控制面板中进行设置。

● 选区选项：包括【新选区】、【添加到选区】和【从选区减去】3个选项按钮。创建选区后会自动切换到【添加到选区】的状态。

● 【画笔】选项：通过单击画笔缩览图或

者其右侧的下拉按钮打开画笔选项面板。画笔选项面板中可以设置直径、硬度、间距、角度、圆度或大小等参数。

💢 【自动增强】复选框：选中该复选框，将减少选区边界的粗糙度和块效应。

【例5-6】使用【快速选择】工具调整图像。
🎬视频+素材 (光盘素材\第05章\例5-6)

01 选择【文件】|【打开】命令，打开图像文件，按Ctrl+J键复制【背景】图层。

02 选择【快速选择】工具，在控制面板中单击【添加到选区】按钮，并设置画笔大小、样式，然后在图像文件的背景区域中拖动创建选区。

03 在【调整】面板中，单击【创建新的黑白调整图层】图标。在打开的【属性】面板中，设置【青色】数值为35，【蓝

色】数值为5，【黄色】数值为110。

进阶技巧

在创建选区，需要调节画笔大小时，按键盘上的右方括号键]可以增大快速选择工具的画笔笔尖；按左方括号键[可以减小快速选择工具画笔笔尖的大小。

5.4 擦除并抠取图像

Photoshop提供了【橡皮擦】、【背景橡皮擦】和【魔术橡皮擦】3种擦除工具。使用这些工具，可以根据特定的需要，进行图像画面的擦除处理。

5.4.1 使用【橡皮擦】工具

使用【橡皮擦】工具 在图像中涂抹可擦除图像。选择【橡皮擦】工具后，其控制面板中各选项参数的作用如下。

💢 【画笔】选项：可以设置橡皮擦工具使用的画笔样式和大小。

💢 【模式】选项：可以设置不同的擦除模式。其中，选择【画笔】和【铅笔】选项

时，其使用方法与【画笔】和【铅笔】工具相似，选择【块】选项时，在图像窗口中进行擦除的大小固定不变。

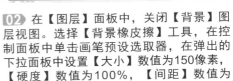

🔘 【不透明度】数值框：可以设置擦除时的不透明度。设置为100%时，被擦除的区域将变成透明色；设置为1%时，不透明度将无效，将不能擦除任何图像画面。

🔘 【流量】数值框：用来控制工具的涂抹速度。

🔘 【抹到历史记录】复选框：选中该复选框后，可以将指定的图像区域恢复至快照或某一操作步骤下的状态。

进阶技巧

如果在【背景】图层或锁定了透明区域的图层中使用【橡皮擦】工具，被擦除的部分会显示为背景色；在其他图层上使用时，被擦除的区域会成为透明区域。

5.4.2 使用【背景橡皮擦】工具

【背景橡皮擦】工具 ✎ 是一种智能橡皮擦，它具有自动识别对象边缘的功能，可采集画笔中心的色样，并删除在画笔内出现的颜色，使擦除区域成为透明区域。

选择【背景橡皮擦】工具后，其控制面板中各个选项参数的作用如下。

🔘 【画笔】：单击其右侧的·图标，弹出下拉面板。其中，【大小】用于设置擦除时画笔的大小；【硬度】用于设置擦除时边缘硬化的程度。

🔘 【取样】按钮：用于设置颜色取样的模式。⌖按钮表示单击鼠标时，光标下的图像颜色取样；⌖按钮表示擦除图层中彼此相连但颜色不同的部分；⌖按钮表示将背景色作为取样颜色。

🔘 【限制】：单击右侧的按钮，在弹出的下拉菜单中可以选择使用【背景橡皮擦】工具擦除的颜色范围。其中，【连续】选项表示可擦除图像中具有取样颜色的像素，但要求该部分与光标相连；【不连续】选项表示可擦除图像中具有取样颜色的像素；【查找边缘】选项表示在擦除与光标相连的区域的同时保留图像中物体锐利的边缘。

🔘 【容差】：用于设置被擦除的图像颜色与取样颜色之间差异的大小。

🔘 【保护前景色】复选框：选中该复选框，可以防止具有前景色的图像区域被擦除。

【例5-7】使用【背景橡皮擦】工具抠取图像并替换图像背景。

🎬视频+素材 (光盘素材\第05章\例5-7)

01 选择【文件】|【打开】命令，打开素材图像，按Ctrl+J键复制【背景】图层。

02 在【图层】面板中，关闭【背景】图层视图。选择【背景橡皮擦】工具，在控制面板中单击画笔预设选取器，在弹出的下拉面板中设置【大小】数值为150像素，【硬度】数值为100%，【间距】数值为

1%；在【限制】下拉列表中选择【查找边缘】选项，设置【容差】数值为20%。

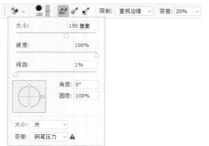

03 使用【背景橡皮擦】工具在图像的背景区域中单击并拖动去除背景。

04 在【图层】面板中，选中【背景】图层。选择【文件】|【置入嵌入的智能对象】命令，打开【置入嵌入对象】对话框。在对话框中选中要置入的图像，然后单击【置入】按钮。

05 调整置入的智能对象至合适的位置，然后按Enter键确认置入。

06 在【图层】面板中，选中【图层1】，按Ctrl+T键应用【自由变换】命令调整图像大小。

5.4.3 使用【魔术橡皮擦】工具

【魔术橡皮擦】工具具有自动分析图像边缘的功能，用于擦除图层中具有相似颜色范围的区域，并以透明色代替被擦除区域。选择控制面板中的【魔术橡皮擦】工具后，其控制面板与【魔棒】工具控制面板相似，各选项参数的作用如下。

● 【容差】：可以设置被擦除图像颜色的范围。输入的数值越大，可擦除的颜色范围越大；输入的数值越小，被擦除的图像颜色与光标单击处的颜色越接近。

● 【消除锯齿】复选框：选中该复选框，可使被擦除区域的边缘变得柔和平滑。

【连续】复选框：选中该复选框，可以使擦除工具仅擦除与鼠标单击处相连接的区域。

【对所有图层取样】复选框：选中该复选框，可以使擦除工具的应用范围扩展到图像中所有的可见图层。

【不透明度】：可以设置擦除图像颜色的程度。设置为100%时，被擦除的区域将变成透明色；设置为1%时，不透明度将无效，将不能擦除任何图像画面。

5.5 精细抠图技法

在图像编辑的过程中，对于复杂的对象可以使用【钢笔】工具或是通道来创建精细、准确的选区。

5.5.1 路径抠图法

【钢笔】工具是矢量工具，它可以绘制光滑的曲线路径。如果对象边缘光滑，并不规则，便可以使用【钢笔】工具描摹对象的轮廓，再将轮廓路径转换为选区，从而选中对象。打开图像文件，使用【钢笔】工具沿图像中对象边缘创建路径。在工具控制面板中，单击【选区】按钮，打开【建立选区】对话框。在对话框中可设置选区，然后单击【确定】按钮即可选取对象。

- ▶

【例5-8】使用【钢笔】工具选取图像。
🔘 视频+素材 (光盘素材\第05章\例5-8)

◀ - - - - - - - - - - - - - - - - - -

01 选择【文件】|【打开】命令，打开素材图像。

02 选择【钢笔】工具，在控制面板中设置绘图模式为【路径】。在图像上单击鼠标，绘制出第一个锚点。在线段结束的位置再次单击鼠标，并按住鼠标拖动出方向线调整路径段的弧度。

03 依次在图像上单击，确定锚点位置。当鼠标回到初始锚点时，光标右下角出现一个小圆圈，这时单击鼠标即可闭合路径。

进阶技巧

使用【钢笔】工具绘制直线的方法比较简单。在直线起始点单击鼠标，再将鼠标光标移动至结束点单击，即可绘制直线。如果要绘制水平、垂直或以45°角为增量的直线，可以按住Shift键单击鼠标。

04 在控制面板中单击【选区】按钮，在弹出的【建立选区】对话框中设置【羽化半径】为2像素，然后单击【确定】按钮。

05 选择【选择】|【反向】命令反选选区，在【调整】面板中单击【创建新的色彩平衡调整图层】图标。在打开的【属性】面板中，设置中间调数值为30、35、-100。

知识点滴

在使用【钢笔】工具绘制路径的过程中，要移动或调整锚点，可以按住Ctrl键切换为【直接选择】工具移动锚点，按住Alt键则切换为【转换点】工具转换锚点性质。

5.5.2 通道抠图法

通道抠图主要是利用图像的色相差别或明度差别来创建选区，在操作过程中可以使用【亮度/对比度】、【曲线】、【色阶】等调整命令，以及【画笔】、【加深】、【减淡】等工具对通道进行调整，以得到最精确的选区。通道抠图的方法常用于抠选毛发等细节丰富的对象，或半透明的、边缘模糊的对象。

【例5-9】利用通道创建选区。
视频+素材 (光盘素材\第05章\例5-9)

01 在Photoshop中，选择打开一个照片文件，按Ctrl+J键复制【背景】图层。

02 在【通道】面板中，将【蓝】通道拖动至【创建新通道】按钮上释放，创建【蓝 拷贝】通道。

03 选择【图像】|【调整】|【色阶】命令，打开【色阶】对话框。在对话框中，设置【输入色阶】数值为203、0.60、250，然后单击【确定】按钮。

04 选择【画笔】工具，在工具面板中将前景色设置为黑色，在控制面板中设置画笔大小及硬度。使用【画笔】工具在图像中需要抠取的部分进行涂抹。

05 按Ctrl键，单击【蓝 拷贝】通道缩览图，载入选区，然后选中RBG复合通道。

06 选择【选择】|【选择并遮住】命令，打开【扩展选区】工作区，设置【平滑】数值为6，【羽化】数值为0.7像素，【移动边缘】数值为23%，然后单击【确定】按钮。

07 选择【文件】|【打开】命令，打开另一幅室内图像，按Ctrl+A键将图像文件全选，并按Ctrl+C键进行复制。

08 返回编辑的照片文件，选择【编辑】|【选择性粘贴】|【贴入】命令，并按Ctrl+T键应用【自由变换】命令放大图像，并调整图像在窗口中的位置。

09 选择【滤镜】|【模糊画廊】|【场景模糊】命令，打开【场景模糊】工作区。在【模糊工具】面板中，设置【模糊】数值为25像素，然后单击控制面板中的【确定】按钮应用设置。

知识点滴

选择【选择】|【载入选区】命令，也可以载入通道中的选区。

5.5.3 计算通道法抠取图像

利用计算图像通道的方式抠出局部图像时，通过增强图像的明度对比度来分离局部图像，从而达到抠取图像的目的。

【例5-10】计算通道抠取图像。
视频+素材 (光盘素材\第03章\例5-10)

01 选择【文件】|【打开】命令，打开图像文件。

02 选择【图像】|【计算】命令，打开【计算】对话框。在对话框中的【源1】选项组中，选中【反相】复选框，在【源2】选项组中的【通道】下拉列表中选择【绿】选项，在【混合】下拉列表中选择【叠加】选项，然后单击【确定】按钮。

知识点滴

在【计算】对话框中选中【蒙版】复选框，可以显示隐藏的选项，然后选择包含蒙版的图像和图层。【通道】选项可以选择任何颜色通道或Alpha通道用作蒙版。也可以使用基于现用选区或选中图层(透明区域)边界的蒙版。选择【反相】选项可反转通道的蒙版区域和未蒙版区域。

03 对生成的Alpha1通道选择【图像】|【计算】命令，打开【计算】对话框。在对话框中的【源2】选项组中的【通道】下拉列表中选择【灰色】选项，在【混合】下拉列表中选择【强光】选项，然后单击

【确定】按钮。

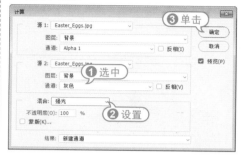

04 选择【多边形套索】工具，在控制面板中单击【从选区减去】按钮，设置【羽化】为2像素，然后在图像中勾选彩蛋部分。

05 设置前景色为黑色，按Alt+Delete键填充选区，然后按Ctrl+D键取消选区。

06 选择【图像】|【调整】|【色阶】命令，打开【色阶】对话框。在对话框中，设置【输入色阶】数值为0、2.63、56，然后单击【确定】按钮。

07 在【通道】面板中，按Ctrl键单击Alpha2通道缩览图载入选区，并单击RGB复合通道。

08 在【调整】面板中，单击【创建新的色彩平衡调整图层】图标。在展开的【属性】面板中，设置中间值的色阶数值为-90、100、-55。

09 在【调整】面板中，单击【创建新的曝光度调整图层】图标。在展开的【属性】面板中，设置【灰度系数校正】为0.8。

5.6 进阶实战

本章的进阶实战通过制作图像拼合的两个综合实例操作，使用户通过练习从而巩固本章所学的图像抠取方法。

5.6.1 制作创意运动图像

【例5-11】制作创意运动图像。
视频+素材 (光盘素材\第05章\例5-11)

01 在Photoshop中，选择打开一个照片文件。

02 选择【多边形套索】工具，在控制面板中设置【羽化】数值为1像素，然后使用【套索】工具沿手机屏幕创建选区。

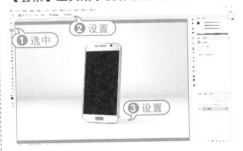

03 选择【文件】|【打开】命令，打开另一幅图像，并按Ctrl+A键全选图像。

04 按Ctrl+C键复制滑雪人物图像，再次

选中手机图像，选择【编辑】|【选择性粘贴】|【贴入】命令，贴入滑雪图像。

链接图层。

05 选择【移动】工具，按Ctrl+T键应用【自由变换】命令，并按Ctrl键调整定界框角点位置。

06 按Shift键，单击【图层1】图层蒙版，停用蒙版。选择【磁性套索】工具，在控制面板中，设置【羽化】数值为1像素，【对比度】数值为20%，然后沿滑雪人物创建选区。

07 按Ctrl+J键复制选区内的图像，并按Shift键单击【图层1】图层蒙版，重新启用蒙版。

08 在【图层】面板中，选中【图层1】和【图层2】图层，并单击【链接图层】按钮

09 按Alt键，双击【背景】图层，将其转换为【图层0】图层。选择【多边形套索】工具，在控制面板中设置【羽化】数值为1像素，沿手机外观创建选区。然后按Shift+Ctrl+I键反选选区。

10 选择【文件】|【打开】命令，打开另一幅图像，并按Ctrl+A键全选图像。

11 按Ctrl+C键复制雪山图像，再次选中手机图像，选择【编辑】|【选择性粘贴】|【贴入】命令，贴入雪山。

12 在【图层】面板中，设置【图层3】图层混合模式为【颜色加深】，【不透明度】数值为80%。

5.6.2 拼合飞溅水花效果

【例5-12】拼合飞溅水花效果。
🎬 视频+素材 (光盘素材\第05章\例5-12)

01 在Photoshop中选择【文件】|【打开】命令，打开一幅图像文件。

02 选择【多边形套索】工具，在控制面板中设置【羽化】数值为1像素，然后沿玻璃瓶边缘创建选区。

03 按Ctrl+J键复制选区内的图像，并生成【图层1】图层。

04 选择【文件】|【打开】命令，打开另一幅图像。

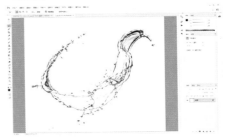

05 在【通道】面板中，选中【红】通道。按Ctrl+A键全选通道图像，并按Ctrl+C键复制选区。

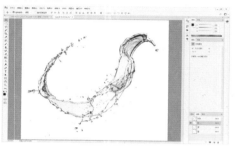

06 返回【图层】面板，单击【创建新图层】按钮新建【图层1】图层，并按Ctrl+V键将红通道图像粘贴至【图层1】图层中。

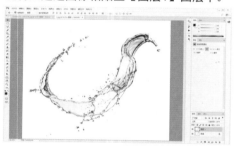

07 选择【图像】|【调整】|【色阶】命令，打开【色阶】对话框。在对话框中，设置输入色阶数值为83、0.82、245，然后单击【确定】按钮。

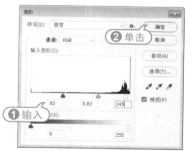

08 按住Ctrl+I键应用【反相】命令，调整图像效果。

09 在【图层】面板中，右击【图层1】图层，从弹出的快捷菜单中选择【复制图

层】命令，打开【复制图层】对话框。在对话框中的【文档】下拉列表中选择最先打开的图像文件，然后单击【确定】按钮。

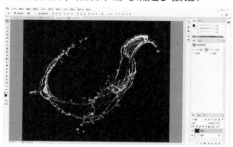

10 返回正在编辑的图像文件，在【图层】面板中设置【图层2】图层混合模式为【滤色】选项。

11 按Ctrl+T键应用【自由变换】命令，调整图像大小及位置。

12 按Ctrl键单击【图层1】图层缩览图，载入选区。

13 按Shift+Ctrl+I键反选选区，并在【图层】面板中单击【添加图层蒙版】按钮。

14 选择【画笔】工具，在控制面板中选择柔边圆画笔样式，将前景色设置为白色，然后在图层蒙版中涂抹。

15 按Ctrl+J键复制【图层2】图层，生成

【图层2拷贝】图层。

16 在Photoshop中打开另一幅图像文件，使用步骤(4)至步骤(11)的操作方法添加图像。

17 在【图层】面板中，单击【添加图层蒙版】按钮添加图层蒙版。将前景色设置为黑色，然后使用【画笔】工具在图层蒙版中涂抹。

5.7 疑点解答

● 问：如何进行选区运算？

答：选区运算是指在画面中存在选区的情况下，使用选框工具、套索工具和魔棒工具创建新选区时，新选区与现有选区之间进行运算，从而生成新的选区。选择选框工具、套

索工具或魔棒工具创建选区时，工具控制面板中就会出现选区运算的相关按钮。

● 【新选区】按钮：单击该按钮后，可以创建新的选区；如果图像中已存在选区，那么新创建的选区将替代原来的选区。

● 【添加到选区】按钮：单击该按钮，使用选框工具在画布中创建选区时，如果当前画布中存在选区，鼠标光标将变成形状。此时绘制新选区，新建的选区将与原来的选区合并成为新的选区。

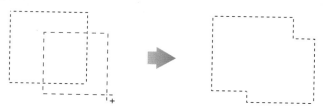

● 【从选区减去】按钮：单击该按钮，使用选框工具在图形中创建选区时，如果当前画布中存在选区，鼠标光标变为形状。此时如果新创建的选区与原来的选区有相交部分，将从原选区中减去相交的部分，余下的选择区域作为新的选区。

● 【与选区交叉】按钮：单击该按钮，使用选框工具在图形中创建选区时，如果当前画布中存在选区，鼠标光标将变成形状。此时如果新创建的选区与原来的选区有相交部分，结果会将相交的部分作为新的选区。

● 问：选区编辑命令有哪些？

答：【边界】命令可以选择现有选区边界的内部和外部的像素宽度。当要选择图像区域周围的边界或像素，而不是该区域本身时，此命令将很有用。

选择【选择】|【修改】|【边界】命令，打开【边界选区】对话框。在对话框中的【宽度】数值框中可以输入一个1～200之间的像素值，然后单击【确定】按钮。新选区将为原始选定区域创建框架，此框架位于原始选区边界的中间。若边框宽度设置为20像素，则会创建一个新的柔和边缘选区，该选区将在原始选区边界的内外分别扩展10像素。

【平滑】命令用于平滑选区的边缘。选择【选择】|【修改】|【平滑】命令，打开【平滑选区】对话框。对话框中的【取样半径】数值用来设置选区的平滑范围。

【扩展】命令用于扩展选区范围。选择【选择】|【修改】|【扩展】命令，打开【扩展选区】对话框，设置【扩展量】数值可以扩展选区。其数值越大，选区向外扩展的范围就越广。

【收缩】命令与【扩展】命令相反，用于收缩选区范围。选择【选择】|【修改】|【收缩】命令，打开【收缩选区】对话框，通过设置【收缩量】数值可以缩小选区。其数值越大，选区向内收缩的范围就越大。

【羽化】命令可以通过扩展选区轮廓周围的像素区域，达到柔和边缘效果。选择【选择】|【修改】|【羽化】命令，打开【羽化选区】对话框。通过【羽化半径】数值可以控制羽化范围的大小。当对选区应用填充、裁剪等操作时，可以看出羽化效果。如果选区较小而羽化半径设置较大，则会弹出警告对话框。单击【确定】按钮，可确认当前设置的羽化半径，而选区可能变得非常模糊，以至于在画面中看不到，但此时选区仍然存在。如果不想出现该警告，应减少羽化半径或增大选区的范围。

【选择】|【扩大选取】或【选取相似】命令常配合其他选区工具使用。【扩大选取】命令用于添加与当前选区颜色相似且位于选区附近的所有像素。可以通过在魔棒工具的控制面板中设置容差值扩大选取，容差值决定了扩大选取时颜色取样的范围。容差值越大，扩大选取时的颜色取样范围越大。

【选取相似】命令用于将所有不相邻区域内相似颜色的图像全部选取，从而弥补只能选取相邻的相似色彩像素的缺陷。

● 问：如何存储和载入图像选区？

答：在Photoshop中，可以通过存储和载入选区将选区重复应用到不同的图像中。存储图像文档时，选择PSB、PSD、PDF和TIFF等格式可以保存多个选区。创建选区后，用户可以选择【选择】|【存储选区】命令，也可以在选区上右击，打开快捷菜单，选择其中的【存储选区】命令，打开【存储选区】对话框。

● 【文档】下拉列表框：在该下拉列表框中，选择【新建】选项，创建新的图像文件，并将选区存储为Alpha通道保存在该图像文件中；选择当前图像文件名称可以将选区保存在新建的Alpha通道中。如果在Photoshop中还打开了与当前图像文件具有相同分辨率和尺寸的图像文件，这些图像文件名称也将显示在【文档】下拉列表中，选择它们，就会将选区保存到这些图像文件中新创建的Alpha通道内。

🔖 【通道】下拉列表框：在该下拉列表中，可以选择创建的Alpha通道，将选区添加到该通道中；也可以选择【新建】选项，创建一个新通道并为其命名，然后进行保存。

🔖 【操作】选项组：用于选择通道的处理方式。如果选择新创建的通道，那么只能选择【新建通道】单选按钮；如果选择已经创建的Alpha通道，那么还可以选择【添加到通道】、【从通道中减去】和【与通道交叉】这3个单选按钮。

选择【选择】|【载入选区】命令，或在【通道】面板中按Ctrl键的同时单击存储选区的通道蒙版缩览图，即可重新载入存储起来的选区。选择【选择】|【载入选区】命令后，Photoshop会打开【载入选区】对话框。

 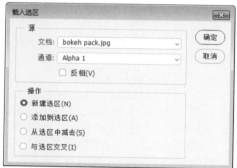

【载入选区】对话框与【存储选区】对话框中的设置参数选项基本相同，只是多了一个【反相】复选框。如果选中该复选框，那么会将保存在Alpha通道中的选区反选并载入图像文件窗口中。

第6章

数码照片的完美合成技法

照片图像的抠取与合成是Photoshop中最为有趣的功能，可以通过多种方法将照片中的人物或景物自然地抠取出来，再与其他图像或背景进行融合，制作意想不到的特殊画面效果。

对应光盘视频

6.1 使用【移动】工具

使用选框工具、套索工具或魔棒工具创建选区后，选区可能不在合适的位置上，此时需要进行移动选区操作。

使用任意创建选区的工具创建选区后，在选项栏中单击【新选区】按钮，再将光标置于选区中，当光标变成白色箭头时，拖动鼠标即可移动选区。

复制选区主要通过使用【移动】工具以及结合快捷键的使用。如果在使用【移动】工具时，按住Ctrl+Alt键，当光标显示为 ▶ 状态时，可以移动并复制选区内的

图像。

进阶技巧

除此之外，用户也可以通过键盘上的方向键，将对象以一个像素的距离移动；如果按住Shift键，再按方向键，则每次可以移动10个像素的距离。

6.2 自然融合图像

在Photoshop中，使用【选择并遮住】工作区可以更快捷、更简单地创建准确的选区和蒙版，使图像融合更加自然贴切。

选择【选择】|【选择并遮住】命令，或是使用选框工具、【套索】工具、【魔棒】工具和【快速选择】工具都会在控制面板中出现【选择并遮住】按钮。

单击控制面板上的【选择并遮住】按钮，即可打开【选择并遮住】工作区。

该工作区将用户熟悉的工具和新工具结合在一起，并可在【属性】面板中调整

参数以创建更精准的选区。

进阶技巧

如需要双击图层蒙版后打开【选择并遮住】工作区，可以在首次双击图层蒙版后，在弹出的Adobe Photoshop CC 2017信息提示框中单击【进入选择并遮住】按钮。或选择【编辑】|【首选项】|【工具】命令，在打开的【首选项】对话框中，选中【双击图层蒙版可启动"选择并遮住"工作区】复选框。

在【视图】下拉列表中，用户可以根据不同的需要选择最合适的预览方式。按F键可以在各个模式之间循环切换，按X键可以暂时禁用所有模式。

选中【显示边缘】复选框，可以显示调整区域。

选中【显示原稿】复选框，可以显示原始蒙版。

选中【高品质预览】复选框，可以显示较高的分辨率预览，同时更新速度变慢。

【透明度】选项：拖动滑块可以为视图模式设置不透明度。

【半径】选项：用来确定选区边界周围的区域大小。对图像中锐利的边缘可以使用较小的半径数值，对于较柔和的边缘可以使用较大的半径数值。

【智能半径】选项：允许选区边缘出现宽度可变的调整区域。

【平滑】：当创建的选区边缘非常生硬，甚至有明显的锯齿时，使用此参数设置可以进行柔化处理。

【羽化】：该项与【羽化】命令的功能基本相同，都用来柔化选区边缘。

【对比度】选项：设置此参数可以调整边缘的虚化程度，数值越大则边缘越锐利。通常可以创建比较精确的选区。

【移动边缘】：该项与【收缩】、【扩展】命令的功能基本相同，使用负值可以向内移动柔化边缘的边框，使用正值可以向外移动边框。

【净化颜色】：选中该项后，将彩色杂边替换为附近完全选中的像素的颜色。颜色替换的强度与选区边缘的软化度是成比例的。

进阶技巧

由于此选项更改了像素颜色，因此需要将选区内的对象输出到新图层或文档。保留文档的原始图层，可以在需要时恢复到原始状态。

【输出到】：决定调整后的选区是变为当前图层上的选区或蒙版，还是生成一个新图层或文档。

【例6-1】使用【选择并遮住】命令抠取图像。

视频+素材 (光盘素材\第06章\例6-1)

01 选择【文件】|【打开】命令，打开素材图像。

02 选择【选择】|【色彩范围】命令，打开【色彩范围】对话框。在对话框中，设置【颜色容差】数值为45，然后使用【吸管】工具在图像的背景区域单击。

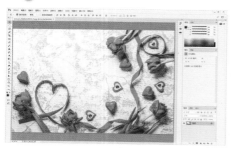

03 在【色彩范围】对话框中，单击【添加到取样】工具，然后在图像背景深色部分单击添加取样。

04 选择【选择】|【选择并遮住】命令，打开【选择并遮住】工作区。在工作区的【属性】面板中，单击【视图】下拉列表，选择【叠加】选项。

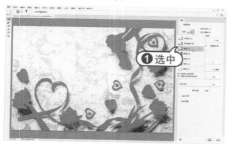

05 在【选择并遮住】工作区的左侧选择【多边形套索】工具，在图像中添加选区。

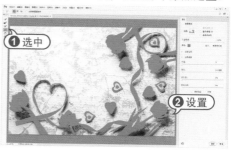

06 单击【视图】下拉列表，选择【闪烁虚线】选项，在控制面板中单击【从选区中减去】按钮，继续使用【多边形套索】工具调整选区范围。

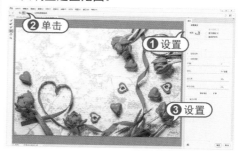

07 在【全局调整】设置中，设置【平滑】数值为5，【羽化】数值为1像素，单击【反相】按钮；在【输出设置】中选中【净化颜色】复选框，在【输出到】下拉列表中选择【新建图层】选项。

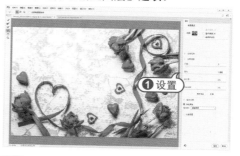

08 设置完成后，单击【确定】按钮关闭对话框，即可将对象从背景中抠取出来。

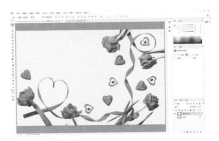

09 按住Ctrl键单击【图层】面板中新建的【背景 拷贝】图层缩览图载入选区，再按Shift+Ctrl+I键反选选区。选择【文件】|【打开】命令，打开另一幅素材图像，并按Ctrl+A键全选图像，按Ctrl+C键复制图像。

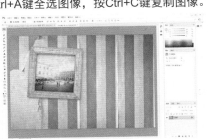

6.3 调整图像外形

在创建选区后，不仅可以移动、调整选区范围，还可以根据编辑需要变换选区形状，或是变换选区内图像的外形。

6.3.1 变换选区

使用【变换选区】命令除了可以移动选区外，还可以改变选区的形状，如对选区进行缩放、旋转和扭曲等。

创建选区后，选择【选择】|【变换选区】命令，或在选区内单击鼠标右键，在弹出的快捷菜单中选择【变换选区】命令，然后把光标移动到选区内，当光标变为▶形时，即可按住鼠标拖动选区。

在变换选区时，直接通过拖动定界框的控制手柄可以调整选区，还可以配合Shift、Alt和Ctrl键的使用。

【例6-2】使用【变换选区】命令调整图像

10 返回先前创建选区的图像文档，选择【编辑】|【选择性粘贴】|【贴入】命令贴入图像，并按Ctrl+T键调整图像大小。

知识点滴

单击【复位工作区】按钮↺，可恢复【选择并遮住】工作区的原始状态。另外，此选项还可以将图像恢复为进入【选择并遮住】工作区时，它所应用的原始选区或蒙版。选中【记住设置】复选框，可以存储设置，用于以后打开的图像。

效果。

📀 视频+素材 ▸ (光盘素材\第06章\例6-2)

01 在Photoshop中，选择【文件】|【打开】命令打开一幅素材图像文件。

02 选择【椭圆选框】工具，在控制面板中设置【羽化】数值为50像素，然后在图像中拖动创建椭圆选区。

03 选择【选择】|【变换选区】命令，在控制面板中单击【在自由变换和变形模式之间切换】按钮。出现控制框后，调整选区形状。

04 选区调整完成后，按Enter键应用选区变换，选择【选择】|【反选】命令反选选区。

05 选择【文件】|【打开】命令打开另一幅图像，选择【选择】|【全部】命令全选图像，并选择【编辑】|【拷贝】命令。

06 返回步骤04创建的选区，选择【编辑】|【选择性粘贴】|【贴入】命令将步骤05复制的图像贴入到选区内，并按Ctrl+T键应用【自由变换】命令调整贴入的图像大小。

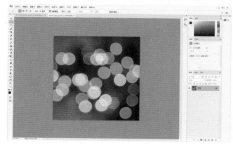

07 按Enter键结束自由变换操作，在【图层】面板中，设置【图层1】图层的混合模式为【叠加】，【不透明度】数值为50%。

6.3.2 变换图像

利用【变换】和【自由变换】命令可以对整个图层、图层中选中的部分区域、多个图层、图层蒙版，甚至路径、矢量图形、选择范围和Alpha通道进行缩放、旋转、斜切和透视等操作。

使用Photoshop中提供的变换、变

形命令可以对图像进行缩放、旋转、扭曲、翻转等各种编辑操作。选择【编辑】|【变换】命令，弹出的子菜单中包括【缩放】、【旋转】、【斜切】、【扭曲】、【透视】、【变形】，以及【水平翻转】和【垂直翻转】等各种变换命令。

知识点滴

执行【编辑】|【变换】命令时，当前对象周围会出现一个定界框，定界框中央有一个中心点，四周有控制点。默认情况下，中心点位于对象的中心，它用于定义对象的变换中心，拖动它可以移动对象的位置。拖动控制点则可以进行变换操作。

要想设置定界框的中心点位置，只需移动光标至中心点上，当光标显示为形状时，按下鼠标并拖动即可将中心点移动到任意位置。用户也可以在控制面板中，单击图标上不同的点位置，来改变中心点的位置。图标上各个点和定界框上的各个点一一对应。

1 缩放

使用【缩放】命令可以相对于变换对象的中心点对图像进行任意缩放。如果按住Shift键，可以等比缩放图像。如果按住Shift+Alt键，可以以中心点为基准等比缩放图像。

2 旋转

使用【旋转】命令可以围绕中心点旋

转变换对象。

除了使用【旋转】命令外，还可以通过选择【编辑】|【变换】命令或【图像】|【图像旋转】命令子菜单中的相关命令，也可以进行特定的旋转操作。【旋转】命令可以自由旋转图像方向。如需要按15°的倍数旋转图像，可以在拖动鼠标时按住Shift键。如要将图像旋转180°，可以选择【旋转180度】命令。如果要将图像顺时针旋转90°，可以选择【旋转90度(顺时针)】命令。如果要将图像逆时针旋转90°，可以选择【旋转90度(逆时针)】命令。

3 斜切

使用【斜切】命令可以在任意方向、垂直方向或水平方向上倾斜图像。如果移动光标至角控制点上，按下鼠标并拖动，可以在保持其他3个角控制点位置不动的情况下对图像进行倾斜变换操作。如果移动光标至边控制点上，按下鼠标并拖动，可以在保持与选择边控制点相对的定界框边不动的情况下进行图像倾斜变换操作。

4 扭曲

使用【扭曲】命令可以任意拉伸对象

定界框上的8个控制点以进行自由扭曲变换操作。

5 透视

使用【透视】命令可以对变换对象应用单点透视。拖动定界框4个角上的控制点，可以在水平或垂直方向上对图像应用透视。

6 翻转图像

选择【编辑】|【变换】|【水平翻转】命令，或【图像】|【图像旋转】|【水平翻转画布】命令可以在水平方向上翻转图像画面。选择【编辑】|【变换】|【垂直翻转】命令，或【图像】|【图像旋转】|【垂直翻转画布】命令可以在垂直方向上翻转图像画面。

6.3.3 变形图像

如果要对图像的局部内容进行扭曲，可以使用【变形】命令来操作。

选择【编辑】|【变换】|【变形】命令后，图像上将会出现变形网格和锚点，拖动锚点或调整锚点的方向可以对图像进行更加自由、灵活的变形处理。用户也可以使用控制面板中【变形】下拉列表中的形状样式进行变形。

【例6-3】使用【变形】命令拼合图像。
🔵 视频+素材 (光盘素材\第06章\例6-3)

◄----

01 在Photoshop中，选择【文件】|【打开】命令打开素材图像文件，按Ctrl+A键全选图像，并按Ctrl+C键复制图像。

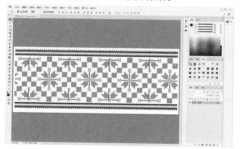

02 选择【文件】|【打开】命令打开另一幅素材图像文件。

03 按Ctrl+V键粘贴图像，并在【图层】面

板中设置图层混合模式为【正片叠底】。

04 按Ctrl+T键应用【自由变换】命令，调整贴入图像的大小及位置。

05 在控制面板中单击【在自由变换和变形模式之间切换】按钮。当出现定界框后调整图像形状。形调整完成后，单击控制面板中的【提交变换】按钮✓，或按Enter键应用变换。

6.3.4 自由变换

选择【编辑】|【自由变换】命令，或按Ctrl+T键可以一次完成【变换】子菜单中的所有操作，而不用多次选择不同的命令，但需要一些快捷键配合进行操作。

🔵 移动光标至定界框的控制点上，当光标显示为 ↔↕↗↖ 形状时，按下鼠标并拖动即可改变其大小，按住Shift键可按比例缩放。

🔵 将鼠标移动到定界框外，当光标显示为 ↪ 形状时，按下鼠标并拖动即可进行自由旋转。在旋转操作过程中，图像的旋转会以定界框的中心点位置为旋转中心。拖动时按住Shift键旋转以15°递增。

🔵 按住Alt键时，拖动控制点可对图像进行扭曲操作。按Ctrl键可以随意更改控制点位置，对定界框进行自由扭曲变换。

🔵 按住Ctrl+Shift键，拖动定界框可对图像进行斜切操作。

🔵 按住Ctrl+Alt+Shift键，拖动定界框角点可对图像进行透视操作。

6.3.5 精确变换

选择【编辑】|【自由变换】命令，或按Ctrl+T键显示定界框后，在控制面板中会显示各种变换选项。

🔵 在X数值框中输入数值可以水平移动图像；在Y数值框中输入数值，可以垂直移动图像。

🔵 【使用参考点相关定位】按钮 △ ：单击该按钮，可以指定相对于当前参考点位置的新参考点位置。

🔵 在W数值框中输入数值，可以水平拉伸图像；在H数值框中输入数值，可以垂直拉伸图像。如果按下【保持长宽比】按钮 ∞ ，则可以进行等比缩放。

🔵 在 ∠ 数值框中输入数值，可以旋转图像。

🔵 在H数值框中输入数值，可以水平斜切图像；在V数值框中输入数值，可以垂直斜切图像。

6.4　使用图层蒙版

图层蒙版是一种灰度图像，它可以隐藏全部或部分图层内容，以显示下面的图层内容。图层蒙版在图像合成中非常有用，也可以灵活地应用于颜色调整、应用滤镜和指定选择区域等。

图层蒙版对图层中的图像无破坏性，不会破坏被隐藏区域的像素。图层蒙版中的白色区域可以遮盖下面图层中的内容，只显示当前图层中的图像；黑色区域可以遮盖当前图层中的图像，显示出下面图层中的内容；蒙版中的灰色区域会根据其灰度值使当前图层中的图像呈现出不同层次的透明效果。

【例6-4】使用图层蒙版调整图像。
🔾视频+素材 (光盘素材\第06章\例6-4)

01 选择【文件】|【打开】命令，打开图像文件。

02 选择【文件】|【置入嵌入的智能对象】命令。在打开的【置入嵌入对象】对话框中，选中所需的图像文件，然后单击【置入】按钮。

03 在【图层】面板中设置【图层1】图层混合模式为【强光】。然后按Ctrl+T键应用【自由变换】命令，调整图像大小。

04 在【图层】面板中，单击【添加图层蒙版】按钮。选择【画笔】工具，在控制面板中选中柔角画笔样式，设置不透明度为50%，然后使用【画笔】工具在图像中进行涂抹。

知识点滴

选择【图层】|【图层蒙版】命令，子菜单中包含了与蒙版有关的命令。选择【停用】命令，可暂时停用图层蒙版，图层蒙版缩览图上会出现一个红的×；选择【启用】命令，可重新启用蒙版；选择【应用】命令，可以将蒙版应用到图像中；选择【删除】命令，可删除图层蒙版。

6.5 使用矢量蒙版

矢量蒙版用于隐藏或显示指定的图像。矢量蒙版是通过【钢笔】工具或形状工具创建的蒙版。使用矢量蒙版可以创建分辨率较低的图像，并使图层内容与底层图像中间的过渡拥有光滑的形状和清晰的边缘。

要创建矢量蒙版，可以在图层绘制路径后，在工具控制面板中单击【蒙版】按钮，即可将绘制的路径转换为矢量蒙版。也可以将绘制的路径创建为矢量蒙版。要将当前绘制的路径创建为矢量蒙版，只要在当前选中的图层中选择【图层】|【矢量蒙版】|【当前路径】命令，即可将当前路径创建为矢量蒙版。

【例6-5】创建矢量蒙版制作图像效果。
🔘 视频+素材 (光盘素材\第06章\例6-5)

01 选择【文件】|【打开】命令，打开一幅素材图像。

02 选择【文件】|【置入嵌入的智能对象】命令，打开【置入嵌入对象】对话框。在对话框中选中所需的图像文件，然后单击【置入】按钮。

知识点滴

选择矢量蒙版所在的图层，选择【图层】|【栅格化】|【矢量蒙版】命令，可以栅格化矢量蒙版，将其转换为图层蒙版。

03 选择【钢笔】工具沿拖鞋边缘绘制形状路径。

04 选择【图层】|【矢量蒙版】|【当前路径】命令创建矢量蒙版。

05 在工具控制面板中，单击【路径操作】按钮，从弹出的列表中选择【排除重叠形状】选项，然后使用【钢笔】工具继续调整矢量蒙版。

06 在【图层】面板中，双击嵌入图像图层，打开【图层样式】对话框。在对话框中，选中【投影】样式选项，设置【角度】数值为120度，【距离】数值为40像素,【扩展】数值为8%,【大小】数值为80像素,然后单击【确定】按钮。

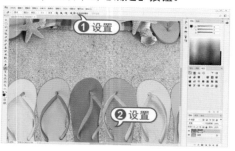

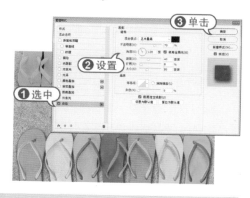

6.6 使用剪贴蒙版

剪贴蒙版包括基本图层和内容图层。基本图层位于下方,决定了图像的形状;内容图层位于上方,决定了图像的显示内容。内容图层可以是复合通道图像,也可以是填充或调整图层等。创建剪贴蒙版之后,内容图层将以基本图层的轮廓显示出来。这样,图像的信息不会受到损坏,也可方便地移动或编辑剪贴蒙版中的图像。

在【图层】面板中,选择【图层】|【创建剪贴蒙版】命令,或在要应用剪贴蒙版的图层上右击,在弹出的菜单中选择【创建剪贴蒙版】命令,或按Alt键,将光标放在【图层】面板中分隔两组图层的线上,然后单击鼠标也可以创建剪贴蒙版。

【例6-6】使用剪贴蒙版调整图像。
视频+素材 (光盘素材\第06章\例6-6)

01 选择【文件】|【打开】命令,打开图像文件。

02 选择【自由钢笔】工具,在控制面板中设置工具工作模式为【形状】,选中【磁性的】复选框,然后使用【自由钢笔】工具绘制形状。

03 在控制面板中单击【路径操作】按钮,在弹出的下拉列表中选择【合并形状】命令,然后绘制另一图形。

04 在【图层】面板中,设置【形状1】图层混合模式为【柔光】。

05 选择【文件】|【打开】命令，打开另一个照片文件。按Ctrl+A键全选图像，再按Ctrl+C键复制图像。

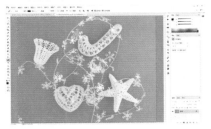

06 返回先前打开的照片文件，按Ctrl+V键粘贴图像。在【图层】面板中，设置【图层1】图层混合模式为【强光】，并按Ctrl+T键调整图像的大小及位置。

07 在【图层】面板中，右击【图层1】图层，在弹出的菜单中选择【创建剪贴蒙版】命令。

知识点滴

剪贴蒙版的内容图层不仅可以是普通的像素图层，也可以是调整图层、形状图层、填充图层等类型的图层。使用调整图层作为剪贴蒙版的内容图层是非常常见的，主要可以用作对某一图层的调整而不影响其他图层。

6.7 进阶实战

本章的进阶实战部分包括制作图像拼合和特殊摄影效果的两个综合实例操作，用户通过练习从而巩固本章所学知识。

6.7.1 制作图像拼合效果

【例6-7】制作图像拼合效果。
视频+素材 (光盘素材\第06章\例6-7)

01 选择【文件】|【打开】命令，打开一幅手机图像。

02 选择【多变形套索】工具，在控制面板中设置【羽化】数值为3像素，然后使用

【多变形套索】工具在图像中沿手机屏幕创建选区。

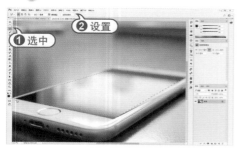

03 选择【文件】|【打开】命令,打开另一个照片文件。按Ctrl+A键全选图像,再按Ctrl+C键复制图像。

04 再次选中手机图像,选择【编辑】|【选择性粘贴】|【贴入】命令,生成【图层1】图层。

07 在【图层】面板中,单击【创建新图层】按钮,新建【图层2】图层。选择【仿制图章】工具,在控制面板中设置【不透明度】数值为60%,在【样本】下拉列表中选择【当前和下方图层】选项。按Alt键使用【仿制图章】工具在图像中单击取样,然后使用工具进一步仿制图像。

05 按Ctrl+T键应用【自由变换】命令,并按住Ctrl键调整图像定界框角点位置。

06 在【图层】面板中,选中【图层1】图层蒙版。选择【画笔】工具,在控制面板中设置柔边圆画笔样式,【不透明度】数值为30%,将前景色设置为白色,然后使用【画笔】工具调整图像效果。

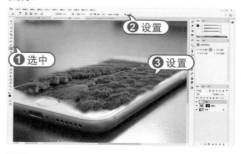

08 选择【文件】|【打开】命令,打开另一个照片文件。

09 选择【钢笔】工具,在控制面板中选择工具模式为【路径】选项,然后沿图像中的建筑创建路径。

10 选择【图层】|【矢量蒙版】|【当前路径】命令,创建矢量蒙版。

11 在【图层】面板中，选择【复制图层】命令，打开【复制图层】对话框。在对话框中的【目标】选项组的【文档】下拉列表中选择手机图像名称，然后单击【确定】按钮。

12 再次选中手机图像，按Ctrl+T键应用【自由变换】命令，调整建筑的大小及位置。

13 选择【文件】|【打开】命令，打开另一个照片文件。

14 选择【裁剪】工具，在图像中拖动裁剪框大小设置保留区域，然后按Enter键应用裁剪。

15 选择【背景橡皮擦】工具，在控制面板中设置【容差】数值为30%，然后在图像中拖动去除背景。

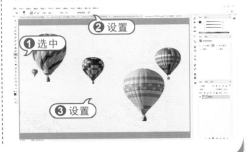

16 选择【橡皮擦】工具,进一步擦除背景中的像素。

17 在【图层】面板中,选择【复制图层】命令,打开【复制图层】对话框。在对话框中的【目标】选项组的【文档】下拉列表中选择手机图像名称,然后单击【确定】按钮。

18 再次选中手机图像,按Ctrl+T键应用【自由变换】命令,调整热气球的大小及位置。

19 选择【文件】|【打开】命令,打开另一个照片文件。

20 打开【通道】面板,选择【红】通道,选择【图像】|【调整】|【曲线】命令,打开【曲线】对话框。在对话框中单击【在图像中取样以设置黑场】按钮 ,然后在图像中单击吸取颜色。

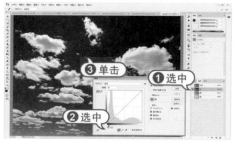

21 单击【确定】按钮关闭【曲线】对话框。选择【滤镜】|【模糊】|【高斯模糊】命令,打开【高斯模糊】对话框。在对话框中设置【半径】为3像素,然后单击【确定】按钮。

22 载入【红】通道选区,选择RGB复合通道。

23 选择【选择】|【修改】|【收缩】命令，打开【收缩选区】对话框。在对话框中设置【收缩量】为3像素，然后单击【确定】按钮。

24 打开【图层】面板，单击【添加图层蒙版】按钮为云朵图像添加图层蒙版，将【背景】图层转换为【图层0】。

25 在【图层】面板中，选择【复制图层】命令，打开【复制图层】对话框。在对话框中的【目标】选项组的【文档】下拉列表中选择手机图像名称，然后单击【确定】按钮。

26 再次选中手机图像，在【图层】面板中，设置【图层5】图层混合模式为【滤色】。然后按Ctrl+T键应用【自由变换】命令，调整云朵的大小及位置。

27 在【图层】面板中，选中【图层5】图层蒙版。选择【画笔】工具，在控制面板中设置柔边圆画笔样式，将前景色设置为黑色，然后使用【画笔】工具调整云朵效果。

28 在【图层】面板中，选中【图层4】图层，再单击【创建新图层】按钮，新建【图层6】。选择【渐变】工具，在控制面板中，单击渐变预览条，打开【渐变编辑器】对话框。在【渐变编辑器】对话框中，设置渐变色为R:33、G:114、B:190至白色，然后单击【确定】按钮。

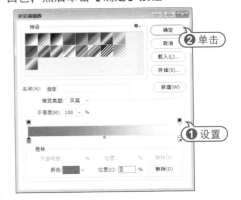

29 使用【渐变】工具在图像边缘单击，并按住鼠标向下拖动，创建渐变填充。

30 在【图层】面板中，设置【图层6】图层的混合模式为【正片叠底】，【不透明度】数值为85%。

31 在【图层】面板中，单击【添加图层蒙版】按钮添加图层蒙版。然后选择【画笔】工具调整蒙版效果。

知识点滴

选择【图层】|【图层蒙版】|【显示全部】命令，可以创建一个显示图层内容的白色图层蒙版；选择选择【图层】|【图层蒙版】|【隐藏全部】命令，可以创建一个隐藏图层内容的黑色蒙版。

6.7.2 制作双重曝光图像

【例6-8】制作双重曝光图像。

◎ 视频+素材 ▶(光盘素材\第06章\例6-8)

----

01 选择【文件】|【打开】命令，打开一幅图像文档。

02 在【通道】面板中，将【绿】通道拖动至【创建新通道】按钮上，创建【绿 拷贝】通道。

03 选择【图像】|【调整】|【色阶】命令，打开【色阶】对话框。设置【输入色阶】数值为90、1、157，然后单击【确定】按钮。

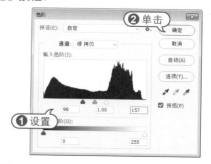

04 打开RGB混合通道视图，选择【画笔】工具，在控制面板中设置画笔大小为45像素，【硬度】数值为50%，然后使用【画笔】工具涂抹图像中的人物部分。

05 在【通道】面板中，按Ctrl键单击【绿拷贝】通道缩览图载入选区，再关闭【绿拷贝】通道视图，并单击RGB复合通道。

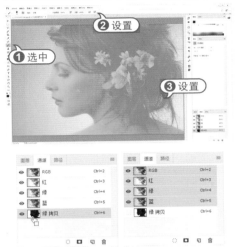

06 按Shift+Ctrl+I键反选选区，在【图层】面板中，按Ctrl+J键复制选区内的图像，按Ctrl键单击【创建新图层】按钮，新建【图层2】。

07 选择【文件】|【置入嵌入的智能对象】命令，打开【置入嵌入对象】对话框。在对话框中选择所需的图像文档，然后单击【置入】按钮。

08 调整置入图像的大小，并按Enter键应用调整。

09 在【图层】面板中选中【图层1】，并按Ctrl+J键复制图层。选择【文件】|【置入嵌入的智能对象】命令，打开【置入嵌入对象】对话框。在对话框中选择所需的图像文档，然后单击【置入】按钮。

10 在【图层】面板中选择置入图像的图层，单击鼠标右键，从弹出的快捷菜单中选择【创建剪贴蒙版】命令。

11 在【图层】面板中，设置置入图像的混合模式为【滤色】。

12 在【图层】面板中，单击【添加图层蒙版】按钮创建图层蒙版。选择【画笔】工具，在控制面板中设置画笔大小为200像素，【不透明度】数值为15%，然后使用【画笔】工具调整图像效果。

14 在【图层】面板中，单击【添加图层蒙版】按钮添加图层蒙版。在【画笔】工具控制面板中设置【不透明度】为30%，然后在图像中涂抹调整图像效果。

13 在【图层】面板中，将【图层1】移动至最上方，并设置图层混合模式为【强光】。

6.8 疑点解答

● 问：如何进行图像拷贝与粘贴操作？

答：【拷贝】和【粘贴】命令是图像处理过程中最普通、最为常用的命令。它们用来完成图像编辑过程中选区内对象的复制与粘贴任务。与其他程序中不同的是，Photoshop还可以对选区内的图像进行特殊的复制与粘贴操作。

创建选区后，选择【编辑】|【拷贝】命令，或按Ctrl+C键，可将选区内的图像复制到剪贴板中。要想将选区内所有图层中的图像复制至剪贴板中，可选择【编辑】|【合并拷贝】命令，或按Shift+Ctrl+C键。

【粘贴】命令一般与【拷贝】或【剪切】命令配合使用。复制或剪切图像后，选择【编辑】|【粘贴】命令或按Ctrl+V键，可以将复制或剪切的图像粘贴到画布中，并生成一个新图层。

用户还可以将剪贴板中的图像内容原位粘贴或粘贴到另一个选区的内部或外部。选择【编辑】|【选择性粘贴】|【原位粘贴】命令可将剪贴板中的图像粘贴至当前图像文件原位置，并生成新图层。

选择【编辑】|【选择性粘贴】|【贴入】命令可以粘贴剪贴板中的图像至当前图像文件窗口显示的选区内，并且自动创建一个带有图层蒙版的新图层，放置复制或剪切的图像内容。

选择【编辑】|【选择性粘贴】|【外部粘贴】命令可以将剪贴板中的图像粘贴至当前图像文件窗口显示的选区外，并且自动创建一个带有图层蒙版的新图层。

● 问：如何使用【消失点】滤镜？

答：【消失点】滤镜的作用就是帮助用户对含有透视平面的图像进行透视调节和编辑。选择【滤镜】|【消失点】命令，或按Alt+Ctrl+V键，可以打开【消失点】对话框。对话框左侧是该滤镜的使用工具，中间是预览和操作窗口，顶部是参数设置区。先选定图像中的平面，在透视平面的指导下，然后运用绘画、克隆、复制或粘贴以及变换等编辑工具对图像中的内容进行修饰、添加或移动，使其最终效果更加逼真。

打开一幅素材图像文件。按Ctrl+A键将图像选区选中，然后按Ctrl+C键复制该图像。选择【文件】|【打开】命令，打开【打开】对话框。在对话框中，选中需要打开的图像文件，单击【打开】按钮。选择【滤镜】|【消失点】命令，打开【消失点】对话框。选择【创建平面】工具在图像上通过拖动并单击添加透视网格。

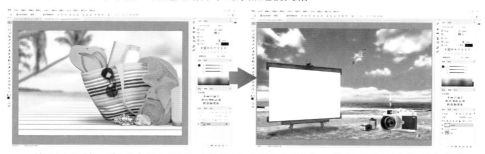

按Ctrl+V键，将刚才所复制的对象粘贴到当前图像中。选择工具栏中的【变换】工具，调整图像大小。完成设置后，单击【确定】按钮，即可将刚才所设置的透视效果应用到当前图像中。

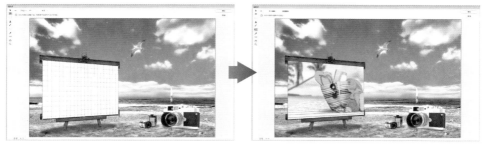

● 问：如何使用【内容感知移动】工具？

答：使用【内容感知移动】工具可以快速重组影像，不需要通过复杂的图层操作或精确选取动作。在选择工具后，选择控制面板中的延伸模式可以栩栩如生地膨胀或收缩图像。

移动模式可以将图像对象置入完全不同的位置(背景保持相似时最为有效)。在工具面板中，按住【污点修复画笔】工具，在弹出的隐藏工具列表中选择【内容感知移动】工具。在控制面板中，设置模式为【移动】或【延伸】。【适应】选项可控制新区域反射现有图像的接近程度。接着在图像中，将要延伸或移动的图像对象圈起来，然后将其拖动至新位置即可。

●┤问：如何使用【属性】面板编辑蒙版？

答：选择【窗口】|【属性】命令，打开【属性】面板。当所选图层包含图层蒙版或矢量蒙版时，【属性】面板将显示蒙版的参数设置。在这里可以对所选图层的图层蒙版及矢量蒙版的不透明度和羽化参数等进行调整。

● 【浓度】选项：拖动滑块，控制选定的图层蒙版或矢量蒙版的不透明度。

● 【羽化】选项：拖动滑块，可以设置蒙版边缘的柔化程度。

● 【选择并遮住】按钮：单击该按钮，即可打开【选择并遮住】工作区，在该工作区中可以修改蒙版边缘效果。

● 【颜色范围】按钮：单击该按钮，即可打开【色彩范围】对话框调整蒙版区域。

● 【从蒙版中载入选区】按钮 ○：单击该按钮，即可将图像文件中的蒙版转换为选区。

● 【应用蒙版】按钮 ◈：单击该按钮，即可将蒙版应用于图像中并删除蒙版。

● 【停用/启用蒙版】按钮 ●：单击该按钮，可以显示或隐藏蒙版效果。

● 【删除蒙版】按钮 🗑：单击该按钮，即可将添加的蒙版删除。

创建图层蒙版后，在【蒙版】面板菜单中选择【蒙版选项】命令，可以打开【图层蒙版显示选项】对话框设置蒙版的颜色和不透明度。

第7章

为数码照片添加艺术特效

使用Photoshop可以制作各种特殊的视觉效果。通过各种滤镜命令、调整命令的配合使用，可以让照片效果更加丰富多彩。

对应光盘视频

7.1 通过【滤镜】菜单应用滤镜

Photoshop中的滤镜是一种插件模块，它通过改变图像像素的位置或颜色来生成各种特殊的效果。Photoshop的【滤镜】菜单中提供了多达一百多种滤镜。大致可以分为3种类型。第一种是修改类滤镜，它们可以修改图像中的像素，如扭曲、纹理、素描等滤镜，这类滤镜的数量最多；第二种是复合类滤镜，它们有自己的工具和独特的操作方法，更像是一个独立的软件，如【液化】和【消失点】滤镜等；第三种是创造类滤镜，只有【云彩】滤镜，是唯一一个不需要借助任何像素便可以产生效果的滤镜。

7.1.1 了解【滤镜库】命令

Photoshop中的【滤镜库】，是整合了多个常用滤镜组的设置对话框。利用【滤镜库】可以叠加应用多个滤镜或多次应用单个滤镜，还可以重新排列滤镜或更改已应用的滤镜的设置。要想使用【滤镜库】，可以选择【滤镜】|【滤镜库】命令，打开【滤镜库】对话框。在【滤镜库】对话框中，提供了【风格化】、【画笔描边】、【扭曲】、【素描】、【纹理】、【艺术效果】6组滤镜。

【滤镜库】对话框的左侧是预览区域，用户可以更加方便地设置滤镜效果的参数选项。在预览区域下方，通过单击▣按钮或▣按钮可以调整图像预览显示的大小。单击预览区域下方的【缩放比例】按钮，可以在弹出的列表中选择Photoshop预设的各种缩放比例。

【滤镜库】对话框中间显示的是滤镜命令选择区域，只需单击该区域中显示的滤镜命令效果缩略图即可选择该命令，并且在对话框的右侧显示当前选择滤镜的参数选项。用户还可以从右侧的下拉列表

中，选择其他滤镜命令。

要想隐藏滤镜命令选择区域，从而使用更多空间显示预览区域，只需单击对话框中的【显示/隐藏滤镜命令选择区域】按钮▣即可。

在【滤镜库】对话框中，用户还可以使用滤镜叠加功能，即在同一个图像上同时应用多个滤镜效果。对图像应用一个滤镜效果后，只需单击滤镜效果列表区域下方的【新建效果图层】按钮▣，即可在滤镜效果列表中添加一个滤镜效果图层。然后，选择所需增加的滤镜命令并设置其参数选项，这样就可以对图像增加使用一个滤镜效果。

在滤镜库中为图像设置多个效果图层

后，如果不再需要某些效果图层，可以选中该效果图层后单击【删除效果图层】按钮，将其进行删除。

进阶技巧

如果操作的图像文件是位图或索引颜色模式，则不能使用滤镜进行图像效果的处理。另外，不同的颜色模式能够使用滤镜命令的数量和种类将会有所不同，如在CMYK和Lab颜色模式下，不能使用【画笔描边】、【素描】等滤镜组中的滤镜。

【例7-1】使用【滤镜库】中的滤镜。
🎬 视频 (光盘素材\第07章\例7-1)

01 在Photoshop中，打开素材图像，按Ctrl+J键复制【背景】图层。

02 选择【滤镜】|【滤镜库】命令，打开【滤镜库】对话框。在对话框中选择【画笔描边】滤镜组中的【成角的线条】滤镜，并设置【方向平衡】为15，【描边长度】为6，【锐化程度】为5。

03 单击【新建效果图层】按钮，新建一个滤镜效果图层，选择【艺术效果】滤镜组中的【彩色铅笔】滤镜。设置【铅笔宽度】为1，【描边压力】为15，【纸张亮度】为50，然后单击【确定】按钮。

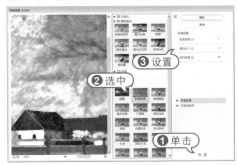

7.1.2 【艺术效果】滤镜组

【艺术效果】滤镜组可以将图像变为传统介质上的绘画效果，利用这些命令可以使图像产生不同风格的艺术效果。

1 【壁画】

【壁画】滤镜使用短而圆的，粗犷涂抹的小块颜料，使图像产生类似壁画般的效果。

2 【彩色铅笔】

【彩色铅笔】滤镜使用彩色铅笔在纯色背景上绘制图像，并保留重要边缘，外观呈粗糙阴影线，纯色背景色会透过比较平滑的区域显示出来。

🔹 【铅笔宽度】文本框：用来设置铅笔线

条的宽度，该值越高，铅笔线条越粗。

🔵 【描边压力】文本框：用来设置铅笔的压力效果，该值越高，线条越粗犷。

🔵 【纸张亮度】文本框：用来设置画质纸颜色的明暗程度，该值越高，纸的颜色越接近背景色。

3 【粗糙蜡笔】

　　【粗糙蜡笔】滤镜可以使图像产生类似蜡笔在纹理背景上绘图产生的一种纹理效果。

4 【底纹效果】

　　【底纹效果】滤镜可以在带纹理的背景上绘制图像，然后将最终图像绘制在该背景上。它的【纹理】等选项与【粗糙蜡笔】滤镜相应选项的作用相同，根据所选的纹理类型使图像产生相应的底纹效果。

🔵 【描边长度】文本框：用来设置画笔线条的长度。

🔵 【描边细节】文本框：用来设置线条刻画细节的程度。

🔵 【纹理】选项：在该选项下拉列表中可以选择一种纹理样式，也可以单击右侧的

▼≡按钮，载入一个PSD格式的文件作为纹理文件。

🔵 【缩放】/【凸现】：用来设置纹理的大小和凸显程度。

🔵 【光照】/【反相】：在【光照】下拉列表中选择选择光照方向。选中【反相】复选框，可以反转光照方向。

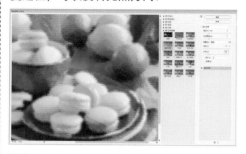

5 【干画笔】

　　【干画笔】滤镜可以模拟干画笔技术绘制图像，通过减少图像的颜色来简化图像的细节，使图像产生一种不饱和、不湿润的油画效果。

6 【海报边缘】

　　【海报边缘】滤镜可以按照设置的选项自动跟踪图像中颜色变化剧烈的区域，在边界上填入黑色的阴影，大而宽的区域有简单的阴影，而细小的深色细节遍布图像，使图像产生海报效果。该滤镜的作用是增加图像对比度并沿边缘的细微层次加上黑色，能够产生具有招贴画边缘效果的图像。

● 【边缘厚度】文本框：用于调节图像的黑色边缘的宽度。该值越大，边缘轮廓越宽。

● 【边缘强度】文本框：用于调节图像边缘的明暗程度。该值越大，边缘越黑。

● 【海报化】文本框：用于调节颜色在图像上的渲染效果，该值越大，海报效果越明显。

7 【海绵】

【海绵】滤镜用颜色对比强烈、纹理较重的区域创建图像，可以使图像产生类似海绵浸湿的图像效果。

● 【画笔大小】文本框：用来设置模拟海绵的画笔大小。

● 【清晰度】文本框：调整海绵的气孔的大小，该值越高，气孔的印记越清晰。

● 【平滑度】文本框：可模拟海绵画笔的压力，该值越高，画面的浸湿感越强，图像越柔和。

8 【绘画涂抹】

【绘画涂抹】滤镜可以使用【简单】、【未处理光照】、【宽锐化】、

【宽模糊】和【火化】等应用程序预设的不同类型的画笔样式创建绘画效果。

【例7-2】制作图像绘画效果。
🎬 视频+素材 (光盘素材\第07章\例7-2)

------

01 在Photoshop中，选择【文件】|【打开】命令，选择打开一幅图像文档，并按Ctrl+J键复制【背景】图层。

02 选择【滤镜】|【滤镜库】命令，打开【滤镜库】对话框。在对话框中，选中【画笔描边】滤镜组中的【喷溅】滤镜，设置【喷色半径】数值为7，【平滑度】数值为5。

03 在【滤镜库】对话框中，单击【新建效果图层】按钮。选择【艺术效果】滤镜组中的【绘画涂抹】滤镜，设置【画笔大小】数值为3，【锐化程度】数值为1，在【画笔类型】下拉列表中选择【简单】选项。

04 在【滤镜库】对话框中，单击【新建效果图层】按钮。选择【纹理】滤镜组中的【纹理化】滤镜，在【纹理】下拉列表中选择【画布】选项，【缩放】数值为

90%，【凸现】数值为8。

③设置

②选中

①单击

③设置

②选中

①单击

05 设置完成后，单击【确定】按钮关闭【滤镜库】对话框。

9 【胶片颗粒】

　　【胶片颗粒】滤镜能够在图像上添加杂色的同时，调亮并强调图像的局部像素，产生一种类似胶片颗粒的纹理效果。

🔵 【颗粒】文本框：用于设置生成的颗粒的密度。

🔵 【高光区域】文本框：用于设置图像中高光的范围。

🔵 【强度】文本框：用于设置颗粒效果的强度。该值较小时，会在整个图像上显示颗粒；该值较大时，只在阴影区域显示颗粒。

10 【木刻】

　　【木刻】滤镜可以利用版画和雕刻原理，将图像处理成由粗糙剪切彩纸组成的高对比度图像，产生剪纸、木刻的艺术效果。

🔵 【色阶数】文本框：用于设置图像中色彩的层次。该值越大，图像的色彩层次越丰富。

🔵 【边缘简化度】文本框：用于设置图像边缘的简化程度。

🔵 【边缘逼真度】文本框：用于设置产生痕迹的精确度。该值越小，图像痕迹越明显。

11 【水彩】

　　【水彩】滤镜能够以水彩的风格绘制图像，同时简化颜色，进而产生水彩画的效果。

🔵 【画笔细节】文本框：用于设置画笔的精确程度。该值越高，画面越精细。

🔵 【阴影强度】文本框：用于设置暗调区域的范围。该值越高，暗调范围越广。

🔵 【纹理】文本框：用于设置图像边界的纹理效果。该值越高，纹理效果越明显。

12 【调色刀】

【调色刀】滤镜可以减少图像的细节，并显示出下面的纹理效果。

13 【涂抹棒】

【涂抹棒】滤镜可以使图像产生一种涂抹、晕开的效果。它使用较短的对角线来涂抹图像的较暗区域，较亮的区域变得更明亮并丢失细节。

7.1.3 【画笔描边】滤镜组

【画笔描边】滤镜组下的命令可以模拟出不同画笔或油墨笔刷勾画图像的效果，使图像产生各种绘画效果。

1 【成角的线条】

【成角的线条】滤镜模拟画笔以某种成直角状的方向绘制图像，暗部区域和亮部区域分别为不同的线条方向。选择【滤镜】|【滤镜库】命令，在打开的【滤镜库】对话框中单击【画笔描边】滤镜组中的【成角的线条】滤镜，显示设置选项。

● 【方向平衡】文本框：用于设置笔触的倾斜方向。

● 【描边长度】文本框：用于控制勾绘画笔的长度。该值越大，笔触线条越长。

● 【锐化程度】文本框：用于控制笔锋的尖锐程度。该值越小，图像越平滑。

2 【墨水轮廓】

【墨水轮廓】滤镜根据图像的颜色边界，描绘其黑色轮廓，用精细的细线在原来细节上重绘图像，并强调图像的轮廓。

● 【描边长度】文本框：用于设置图像中生成的线条的长度。

【深色强度】文本框：用于设置线条阴影的强度，该值越高图像越暗。

【光照强度】文本框：用于设置线条高光的强度，该值越高图像越亮。

3 【喷溅】

【喷溅】滤镜可以使图像产生笔墨喷溅的艺术效果。在相应的对话框中可以设置喷溅的范围、喷溅效果的轻重程度。

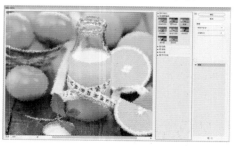

【例7-3】制作水墨画效果。
🎬 视频+素材 (光盘素材\第07章\例7-3)

◀------

01 在Photoshop中，选择【文件】|【打开】命令，选择打开一幅图像文档，并按Ctrl+J键复制【背景】图层。

02 选择【图像】|【调整】|【黑白】命令，打开【黑白】对话框。在对话框中，设置【蓝色】数值为-130%，【绿色】数值为264%，然后单击【确定】按钮。

03 选择【选择】|【色彩范围】命令，打开【色彩范围】对话框。在对话框中，设置【颜色容差】数值为60，使用吸管工具在背景区域单击，然后单击【确定】按钮

关闭对话框，创建选区。

04 选择【图像】|【调整】|【反相】命令，然后按Ctrl+D键取消选区。

05 按Ctrl+J键两次将当前图层复制两层，并设置最上面的图层混合模式为【颜色减淡】。

06 按Ctrl+I键反相图像，选择【滤镜】

|【其他】|【最小值】命令，打开【最小值】对话框。在对话框中，设置【半径】数值为1像素，然后单击【确定】按钮。

07 按Ctrl+E键向下合并一层，关闭【图层1拷贝】图层视图，再选中【图层1】图层。选择【滤镜】|【滤镜库】命令，在打开的对话框中选中【画笔描边】滤镜组中的【喷溅】滤镜，设置【喷溅半径】数值为7，【平滑度】数值为4，然后单击【确定】按钮。

08 打开【图层1拷贝】图层视图，并设置图层混合模式为【线性加深】。

09 按Shift+Ctrl+Alt+E键盖印图层，生成【图层2】，选择【滤镜】|【滤镜库】命令，在打开的对话框中选中【纹理】滤镜组中的【纹理化】滤镜，设置【缩放】数值为90%，【凸现】数值为5，在【光照】

下拉列表中选择【右下】选项，然后单击【确定】按钮。

4 【喷色描边】

【喷色描边】滤镜和【喷溅】滤镜效果相似，可以模拟用某个方向的笔触或喷溅的颜色进行绘图的效果。在【描边方向】下拉列表中可以选择笔触的线条方向。

5 【强化的边缘】

【强化的边缘】滤镜可以对图像的边缘进行强化处理。设置高的边缘亮度值时，强化效果类似白色粉笔；设置低的边缘亮度值时，强化效果类似黑色油墨。

【边缘宽度】/【边缘亮度】文本框：用来设置需要强化的边缘宽度和亮度。

【平滑度】文本框：用来设置边缘的平滑程度，该值越高画面越柔和。

6 【深色线条】

【深色线条】滤镜通过使用短而紧密的深色线条绘制图像中的暗部区域，用长的白色线条绘制图像中的亮部区域，从而产生一种强烈的反差效果。

7 【烟灰墨】

【烟灰墨】滤镜和【深色线条】滤镜效果较为相似，该滤镜可以通过计算图像中像素值的分布，对图像进行概括性的描述，进而更加生动地表现出木炭或墨水被纸张吸收后的模糊效果。

8 【阴影线】

【阴影线】滤镜可以保留原始图像的细节和特征，同时使用模拟的铅笔阴影线添加纹理，并使彩色区域的边缘变得粗糙。

7.1.4 【素描】滤镜组

【素描】滤镜组中的滤镜根据图像中色调的分布情况，使用前景色和背景色按特定的运算方式进行填充添加纹理，使图像产生素描、速写以及三维的艺术效果。

1 【半调图案】

【半调图案】滤镜使用前景色和背景色将图像处理为带有圆形、网点或直线形状的半调网屏效果。

- →

【例7-4】使用【半调图案】滤镜制作图像抽丝效果。

视频+素材 (光盘素材\第07章\例7-4)

← -

01 在Photoshop中，选择【文件】|【打开】命令，选择打开一幅图像文档，按Ctrl+J键复制【背景】图层。在【颜色】面板中，设置前景色颜色为R:155、G:70、B:35。

02 选择【滤镜】|【滤镜库】命令，打开【滤镜库】对话框。在对话框中，选中【素描】滤镜组的【半调图案】滤镜，在

【图案类型】下拉列表中选择【直线】选项，设置【大小】数值为1，【对比度】数值为10，然后单击【确定】按钮。

【03】选择【编辑】|【渐隐滤镜库】命令，打开【渐隐】对话框。在对话框中的【模式】下拉列表中选择【正片叠底】选项，设置【不透明度】数值为65%，然后单击【确定】按钮。

2 【便条纸】

【便条纸】滤镜可以使图像产生类似浮雕的凹陷压印效果，其中前景色作为凹陷部分，而背景色作为凸出部分。

💡 【图像平衡】文本框：用于设置高光区域和阴影区域相对面积的大小。

💡 【粒度/凸现】文本框：用于设置图像中生成的颗粒的数量和显示程度。

3 【粉笔和炭笔】

【粉笔和炭笔】滤镜可重绘高光和中间调，并使用粗糙粉笔绘制纯中间调的灰色背景。阴影区域用黑色对角炭笔线替换，炭笔用前景色绘制，粉笔用背景色绘制。

💡 【炭笔区】/【粉笔区】文本框：用于设置炭笔区域和粉笔区域的范围。

💡 【描边压力】文本框：用于设置画笔的压力。

4 【铬黄渐变】

【铬黄渐变】滤镜可以渲染图像，创建金属般效果。应用该滤镜后，可以使用【色阶】命令增加图像的对比度，使金属效果更加强烈。

💡 【细节】文本框：设置图像细节的保留程度。

💡 【平滑度】文本框：设置图像效果的光滑程度。

5 【绘图笔】

【绘图笔】滤镜使用细的、线状的油墨描边来捕捉原图像画面中的细节，前景色作为油墨，背景色作为纸张，以替换原图像中的颜色。

🔘 【描边长度】文本框：用于调节笔触在图像中的长短。

🔘 【明/暗平衡】文本框：用于调整图像前景色和背景色的比例。当该值为0时，图像被背景色填充；当该值为100时，图像被前景色填充。

🔘 【描边方向】下拉列表：用于选择笔触的方向。

6 【撕边】

【撕边】滤镜可以重建图像，模拟由粗糙、撕破的纸片组成的效果，然后使用前景色与背景色为图像着色。对于文本或高对比度的对象，此滤镜尤其有用。

🔘 【图像平衡】文本框：用于设置图像前景色和背景色的平衡比例。

🔘 【平滑度】文本框：设置图像边界的平滑程度。

🔘 【描边长度】文本框：设置画面效果的对比强度。

7 【炭笔】

【炭笔】滤镜可以产生色调分离的涂抹效果。图像的主要边缘以粗线条绘制，而中间色调用对角描边进行素描，炭笔是前景色，背景色是纸张颜色。

8 【炭精笔】

【炭精笔】滤镜可以在图像上模拟浓黑和纯白的炭精笔纹理，暗区使用前景色，亮区使用背景色。为了获得更逼真的效果，可以在应用滤镜之前将前景色改为常用的炭精笔颜色，如黑色、深褐色等。要获得减弱的效果，可以将背景色改为白色，在白色背景中添加一些前景色，然后再应用滤镜。

🔘 【前景色阶】/【背景色阶】文本框：用来调节前景色和背景色的平衡关系，哪一个色阶的数值越高，它的颜色就越突出。

🔘 【纹理】选项：在下拉列表中可以选择

一种预设纹理，也可以单击选项右侧的 ▾≡ 按钮，载入一个PSD格式文件作为产生纹理的模板。

- 🌓 【缩放】/【凸现】：用来设置纹理的大小和凹凸程度。
- 🌓 【光照】选项：在该选项的下拉列表中可以选择光照方向。
- 🌓 【反相】复选框：选中该项，可以反转纹理的凹凸方向。

9 【图章】

【图章】滤镜可以简化图像，使之看起来像是用橡皮或木制图章创建的一样。该滤镜用于黑白图像时效果最佳。

10 【网状】

【网状】滤镜使用前景色和背景色填充图像，在图像中产生一种网眼覆盖的效果，使图像的暗色调区域呈结块化，高光区域呈轻微颗粒化。

- 🌓 【浓度】文本框：用来设置图像中产生的网纹密度。
- 🌓 【前景色阶】/【背景色阶】文本框：

用来设置图像中使用的前景色和背景色的色阶数。

11 【影印】

【影印】滤镜可以模拟影印图像的效果。使用【影印】滤镜后会把图像之前的色彩去掉，并使用默认的前景色勾画图像轮廓边缘，而其余部分填充默认的背景色。

7.1.5 【纹理】滤镜组

【纹理】滤镜组中包含了6种滤镜，使用这些滤镜可以模拟具有深度感或物质感的外观。

1 【龟裂缝】

【龟裂缝】滤镜可以将图像绘制在一个高凸显的石膏表面上，以循着图像等高线生成精细的网状裂缝。使用该滤镜可以对包含多种颜色值或灰度值的图像创建浮雕效果。

- 🌓 【裂缝间距】文本框：用来设置图像

中生成的裂缝的间距。该值越小，裂缝越细密。

● 【裂缝深度】/【裂缝亮度】文本框：用来设置裂缝的深度和亮度。

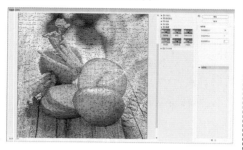

2 【颗粒】

【颗粒】滤镜可以使用常规、软化、喷洒、结块、斑点等不同种类的颗粒在图像中添加纹理。

● 【强度】文本框：用于设置颗粒的密度，其取值范围为0~100。该值越大，图像中的颗粒越多。

● 【对比度】文本框：用于调整颗粒的明暗对比度，其取值范围为0~100。

● 【颗粒类型】下拉列表框：用于设置颗粒的类型，包括【常规】、【柔和】和【喷洒】等10种类型。

3 【纹理化】

【纹理化】滤镜可以生成各种纹理，在图像中添加纹理质感，可选择的纹理包括砖形、粗麻布、画布和砂岩，也可以载入一个PSD格式的文件作为纹理文件。

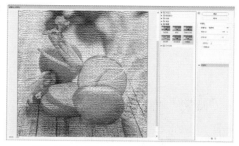

● 【纹理】下拉列表：提供了【砖形】、【粗麻布】、【画布】和【砂岩】4种纹理类型。另外，用户还可以选择【载入纹理】选项来装载自定义的以PSD文件格式存放的纹理模板。

● 【缩放】文本框：用于调整纹理的尺寸大小。该值越大，纹理效果越明显。

● 【凸显】文本框：用于调整纹理的深度。该值越大，图像的纹理深度越深。

● 【光照】下拉列表：提供了8种方向的光照效果。

7.1.6 【像素化】滤镜组

【像素化】滤镜组中的滤镜通过将图像中相似颜色值的像素转化成单元格的方法，使图像分块或平面化，从而创建彩块、点状、晶格和马赛克等特殊效果。【像素化】滤镜组中包括【彩块化】、【彩色半调】、【点状化】、【晶格化】、【马赛克】、【碎片】和【铜版雕刻】等滤镜。

1 【彩色半调】滤镜

【彩色半调】滤镜可以将图像中的每种颜色分离，分散为随机分布的网点，如同点状绘画效果。将一幅连续色调的图像转变为半色调的图像，可以使图像看起来类似印刷效果。

● 【最大半径】文本框：用于设置生成的最大网点的半径。

● 【网角(度)】文本框：用于设置图像各个原色通道的网点角度。如果图像为灰度模式，只能使用【通道1】；图像为RGB模式，可以使用3个通道；图像为CMYK模式，可以使用所有通道。当各个通道中的网角设置的数值相同时，生成的网点会重叠显示出来。

2 【点状化】滤镜

【点状化】滤镜可以将图像中的颜色分散为随机分布的网点，如同点彩绘画效果，背景色将作为网点之间的画布区域。

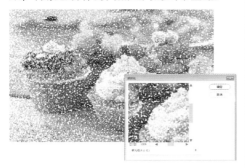

3 【晶格化】滤镜

【晶格化】滤镜可以使图像中相近的像素集中到一个多边形色块中，从而把图像分割成许多个多边形的小色块，产生类似结晶的颗粒效果。

4 【碎片】滤镜

【碎片】滤镜可以把图像的像素进行4次复制，然后将复制的像素等距位移并降低不透明度，从而形成一种不聚焦的重影效果，该滤镜没有参数设置对话框。

5 【铜版雕刻】滤镜

【铜版雕刻】滤镜可以在图像中随机生成各种不规则的直线、曲线和斑点，使图像产生金属般效果。在【类型】下拉列表中可以选择一种网点图案。

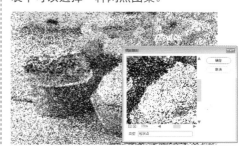

7.2 为数码照片添加效果特效

在Photoshop中，使用滤镜命令不仅可以为图像添加各种艺术效果和纹理，还可以制作出特殊的变换效果。

7.2.1 【扭曲】滤镜组

　　【扭曲】滤镜组中的滤镜可以对图像进行几何扭曲，创建3D或其他整形效果。在处理图像时，这些滤镜会占用大量的内存，如果文件较大，可以先在小尺寸的图像上进行试验。

1 【波浪】与【波纹】滤镜

　　【波浪】滤镜可以根据用户设置的不同波长和波幅产生不同的波纹效果。

　　● 【生成器数】文本框：用于设置产生波浪的波源数目。

　　● 【波长】文本框：用于控制波峰间距。有【最小】和【最大】两个参数，分别表示最短波长和最长波长，最短波长值不能超过最长波长值。

　　● 【波幅】文本框：用于设置波动幅度，有【最小】和【最大】两个参数，表示最小波幅和最大波幅，最小波幅不能超过最大波幅。

　　● 【比例】文本框：用于调整水平和垂直方向的波动幅度。

　　● 【类型】控制面板：用于设置波动类型，有【正弦】、【三角形】和【方形】3种类型。

　　● 【随机化】按钮：单击该按钮，可以随机改变图像的波动效果。

　　● 【未定义区域】：用于设置如何处理图像中出现的空白区域，选中【折回】单选按钮，可在空白区域填入溢出的内容；选中【重复边缘像素】单选按钮，可填入扭曲边缘的像素颜色。

　　【波纹】滤镜与【波浪】滤镜的工作方式相同，但提供的选项较少，只能控制波纹的数量和波纹的大小。

2 【玻璃】滤镜

　　【玻璃】滤镜可以制作细小的纹理，使图像看起来像是透过不同类型玻璃观察的效果。

　　● 【扭曲度】文本框：用于设置扭曲效果的强度，该值越高，图像扭曲效果越强烈。

　　● 【平滑度】文本框：用于设置扭曲效果的平滑程度，该值越低，扭曲的纹理越细小。

　　● 【生成器数】文本框：用于设置产生波浪的波源数目。

　　● 【纹理】选项：在下拉列表中可以选择扭曲时产生的纹理，包括【块状】、【画布】、【磨砂】和【小镜头】。单击【纹理】右侧的 按钮，选择【载入纹理】选项，可以载入一个PSD格式的文件作为纹理文件来扭曲图像。

🔹 【缩放】文本框：用于设置纹理的缩放程度。

🔹 【反相】复选框：选中该项，可以反转纹理的凹凸方向。

3 【海洋波纹】滤镜

【海洋波纹】滤镜可以将随机分隔的波纹添加到图像表面，它产生的波纹细小，边缘有较多抖动，图像画面看起来像是在水下面。

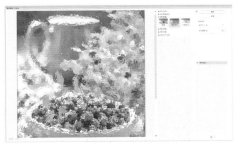

4 【极坐标】滤镜

【极坐标】滤镜可以将图像从平面坐标转换为极坐标效果，或者从极坐标转换为平面坐标效果。

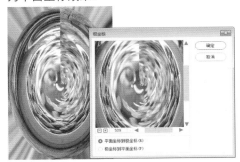

【例7-5】制作夜空图。
🔘 视频+素材 (光盘素材\第05章\例5-7)

01 在Photoshop中，选择【文件】|【打开】命令，打开一幅图像文档。

02 选择【裁剪】工具，在控制面板中单击【选择预设长宽比或裁剪尺寸】按钮，在弹出的下拉列表中选择【1:1(方形)】选项，然后在图像中调整裁剪区域，并按Enter键裁剪图像。

03 按Ctrl+J键复制【背景】图层。选择【滤镜】|【扭曲】|【极坐标】命令，打开【极坐标】对话框。在对话框中，选中【平面坐标到极坐标】单选按钮，然后单击【确定】按钮。

04 在【图层】面板中，单击【创建新图层】按钮，新建【图层2】图层。

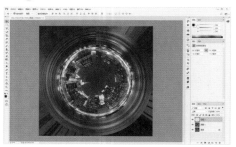

05 选择【仿制图章】工具，在控制面板中，设置柔边画笔样式，设置【不透明度】为50%，取消【对齐】复选框的选中，在【样本】下拉列表中选择【所有图层】选项。按Alt键在图像中单击设置取样点，然后使用【仿制图章】工具在图像需要修饰的地方涂抹。

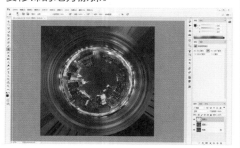

06 在【调整】面板中，单击【创建新的曲线调整图层】图标。在展开的【属性】面板中，调整RGB通道的曲线形状。

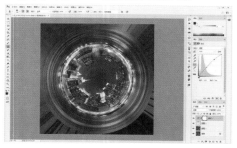

07 在通道下拉列表中选择【蓝】通道，并调整蓝通道的曲线形状。

08 在【图层】面板中，单击【创建新图层】按钮，新建【图层3】图层。在【颜色】面板中设置R:27、G:24、B:44。选择

【画笔】工具，在控制面板中设置柔边画笔样式，【不透明度】为30%，然后使用【画笔】工具在图像四角进行涂抹。

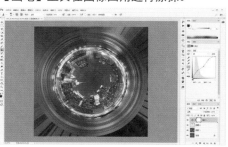

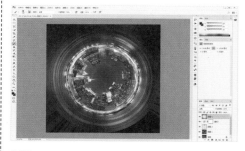

5　【水波】滤镜

　　【水波】滤镜可根据选区中像素的半径将选区径向扭曲，制作出类似涟漪的图像变形效果。在该滤镜的对话框中通过设置【起伏】选项，可控制水波方向从选区的中心到其边缘的翻转次数。

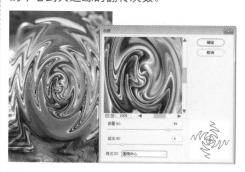

6　【旋转扭曲】滤镜

　　【旋转扭曲】滤镜可以使图像产生旋转的效果。旋转会围绕图像的中心进行，

且中心的旋转程度比边缘的旋转程度大。

另外，在对话框中设置【角度】为正值时，图像以顺时针方向旋转；设置【角度】为负值时，图像沿逆时针方向旋转。

7 【置换】滤镜

【置换】滤镜可以指定一个图像，并使用该图像的颜色、形状和纹理等来确定当前图像中的扭曲方式，最终使两幅图像交错组合在一起，产生位移扭曲效果。这里的另一幅图像被称为置换图，而且置换图的格式必须是PSD格式。

03 选择【文件】|【存储为】命令，打开【另存为】对话框。在对话框的【保存类型】下拉列表中选择*.PSD格式，然后单击【保存】按钮。

【例7-6】使用【置换】滤镜制作图像艺术效果。

📀视频+素材 (光盘素材\第07章\例7-6)

◀--------

01 在Photoshop中，选择【文件】|【打开】命令，选择打开一幅图像文档，并按Ctrl+J键复制【背景】图层。

02 选择【滤镜】|【像素化】|【彩色半调】命令，打开【彩色半调】对话框。在对话框中，设置【最大半径】数值为10像素，然后单击【确定】按钮。

04 选择【文件】|【打开】命令，选择打开另一幅图像文档，并按Ctrl+J键复制【背景】图层。

05 选择【滤镜】|【扭曲】|【置换】命令，打开【置换】对话框。在对话框中，设置【水平比例】和【垂直比例】数值为10，然后单击【确定】按钮。

06 在打开的【选取一个置换图】对话框中，选中刚保存的PSD文档，然后单击【打开】按钮即可创建图像效果。

7.2.2 【模糊】滤镜组

【模糊】滤镜组中的滤镜多用于不同程度地减少图像相邻像素间的颜色差异，使该图像产生柔和、模糊的效果。

1 【动感模糊】滤镜

【动感模糊】滤镜可以对图像像素进行线性位移操作，从而产生沿某一方向运动的模糊效果，使静态图像产生动态效果。

进阶技巧

【模糊】和【进一步模糊】滤镜都可以对图像进行自动模糊处理。【模糊】滤镜利用相邻像素的平均值来代替相似的图像区域，从而达到柔化图像边缘的效果；【进一步模糊】滤镜比【模糊】滤镜效果更加明显。这两个滤镜都没有参数设置对话框，如果想加强图像的模糊效果，可以多次使用。

【例7-7】添加布纹效果。
〇视频+素材 (光盘素材\第07章\例7-7)

01 在Photoshop中，选择【文件】|【打开】命令，选择打开一幅图像文档，并按Ctrl+J键复制【背景】图层。

02 选择【滤镜】|【滤镜库】命令，打开【滤镜库】对话框。在对话框中，选中【画笔描边】滤镜组中的【喷色描边】滤镜，设置【描边长度】数值为1，【喷色半径】数值为0，【描边方向】为【水平】。

03 单击【新建效果图层】按钮，选中【艺术效果】滤镜组中的【胶片颗粒】滤镜，设置【颗粒】数值为4，【高光区域】数值为9，【强度】数值为1，然后单击【确定】按钮。

04 选择【滤镜】|【锐化】|【智能锐化】命令，打开【智能锐化】对话框。在对话框中，设置【数量】数值为117%，【半径】数值为0.8像素，【减少杂色】数值为16%，然后单击【确定】按钮。

05 在【图层】面板中，单击【创建新图层】按钮，新建【图层2】图层，并按Alt+Delete键填充图层。选择【滤镜】|【杂色】|【添加杂色】命令，打开【添加杂色】对话框。选中【单色】复选框，选中【平均分布】单选按钮，设置【数量】

数值为120%，然后单击【确定】按钮。

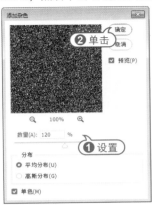

06 在【图层】面板中，设置【图层2】图层混合模式为【滤色】，【不透明度】数值为40%。然后按Ctrl+J键，复制【图层2】图层，生成【图层2拷贝】图层。

07 选择【滤镜】|【模糊】|【动感模糊】命令，打开【动感模糊】对话框。在对话框中，设置【角度】数值为0度，【距离】数值为30像素，然后单击【确定】按钮。

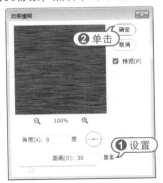

08 选择【滤镜】|【锐化】|【锐化】命令锐化图像，按Ctrl+F键，再次应用【锐化】命令。

09 在【图层】面板中，选中【图层2】图层。选择【滤镜】|【模糊】|【动感模糊】命令，打开【动感模糊】对话框。设置【角度】数值为90度，然后单击【确定】按钮。

10 选择【滤镜】|【锐化】|【锐化】命令锐化图像。按Ctrl+F键，再次应用【锐化】命令。

11 在【图层】面板中，选中【图层2拷贝】图层，按Shift+Ctrl+Alt+E键盖印图层，生成【图层3】图层。选择【滤镜】|

【锐化】|【USM锐化】命令，打开【USM锐化】对话框。在对话框中，设置【数量】数值为100%，【半径】数值为1像素，【阈值】数值为2色阶，然后单击【确定】按钮。

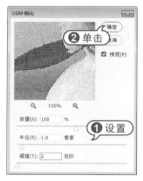

12 在【调整】面板中，单击【创建新的曝光度调整图层】图标。在展开的【属性】面板中，设置【位移】数值为-0.0331，【灰度系数校正】数值为0.92。

2 【高斯模糊】滤镜

　　【高斯模糊】滤镜可以将图像以高斯曲线的形式对图像进行选择性的模糊，产生一种朦胧效果。

通过调整对话框中的【半径】值可以设置模糊的范围，它以像素为单位，数值越高，模糊效果越强烈。

3 【径向模糊】滤镜

【径向模糊】滤镜可以产生具有辐射性的模糊效果，模拟相机前后移动或旋转产生的模糊效果。

 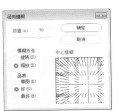

在对话框中的【模糊方法】选项中选中【旋转】单选按钮时，产生旋转模糊效果；选中【缩放】单选按钮时，产生放射模糊效果，该模糊的图像从模糊中心处开始放大。

4 【镜头模糊】滤镜

【镜头模糊】滤镜可以为图像添加景深模糊效果，并用Alpha通道或图层蒙版的深度值来映射像素的位置，使图像中的主体对象在焦点内，其他区域变模糊。

【例7-8】使用【镜头模糊】滤镜制作图像景深效果。

📀视频+素材▶(光盘素材\第07章\例7-8)

◀-------------------------------------

01 在Photoshop中，选择【文件】|【打开】命令，选择打开一幅图像文档，并按Ctrl+J键复制【背景】图层。在工具面板中单击【以快速蒙版模式编辑】按钮，再选择【画笔】工具涂抹图像中的主体部分。

02 按Q键返回标准编辑模式，选择【选择】|【选择并遮住】命令，打开【选择并遮住】工作区。设置【羽化】数值为80像素，然后单击【确定】按钮。

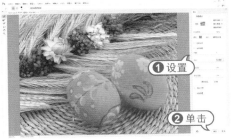

❶设置

❷单击

03 在【图层】面板中，单击【创建图层蒙版】按钮，创建图层蒙版。

❶单击

04 在【图层】面板中，选中图像缩览图。选择【滤镜】|【模糊】|【镜头模糊】命令，打开【镜头模糊】对话框，在【源】下拉列表中选择【图层蒙版】选项，设置【模糊焦距】数值为150。

> **知识点滴**
>
> 对话框中的【镜面高光】选项用于设置镜面高光的范围；【亮度】选项用于设置高光的亮度；【阈值】选项用于设置亮度截止点，比该截止点值亮的所有像素都被视为镜面高光。

❶设置

05 设置完成后，单击【确定】按钮关闭【镜头模糊】对话框应用设置。

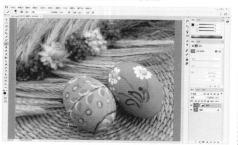

7.2.3 云彩的渲染

【云彩】滤镜可以在图像的前景色和背景色之间随机抽取像素，再将图像转换为柔和的云彩效果，该滤镜无参数设置对话框，常用于创建图像的云彩效果。

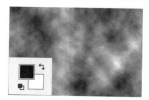

进阶技巧

如果先按住Alt键，再执行【云彩】命令，可以生成色彩更加鲜明的云彩图案。

【分层云彩】滤镜可以将云彩数据和现有的像素混合，其方式与【差值】模式混合颜色的方式相同。

7.2.4 模拟镜头杂色

【添加杂色】滤镜可以将随机的像素应用于图像，模拟在高速胶片上拍照的效果。该滤镜可用来减少羽化选区或渐变填充中的条纹，或者使经过重大修饰的区域看起来更加真实。或者在一张空白的图像上生成随机的杂点，制作成杂纹或其他底纹。

🍃 【数量】文本框：用来设置杂色的数量。

🍃 【分布】选项：用来设置杂色的分布方式。选择【平均分布】选项，会随机地在图像中加入杂点，效果比较柔和；选择【高斯分布】选项，则会以一条钟形曲线分布的方式来添加杂点，杂点比较强烈。

🍃 【单色】选项：选中该项，添加的杂点只影响原有像素的亮度，像素的颜色不会改变。

【例7-9】制作素描效果。
🔘 视频+素材 (光盘素材\第07章\例7-9)

01 在Photoshop中，选择【文件】|【打开】命令，选择打开一幅图像文档，按Ctrl+J键复制【背景】图层。

02 选择【图像】|【调整】|【去色】命令，按Ctrl+J键复制图层。

03 选择【图像】|【调整】|【反相】命令，反相图像效果。

04 在【图层】面板中，设置【图层1拷贝】图层混合模式为【颜色减淡】。选择【滤镜】|【其他】|【最小值】命令，打开【最小值】对话框。在对话框中，设置【半径】数值为2像素，然后单击【确定】按钮。

05 在【图层】面板中，双击【图层1拷

贝】图层，打开【图层样式】对话框。在对话框的【混合选项】设置区的【混合颜色带】选项中，按住Alt键拖动【下一图层】滑竿黑色滑块的右半部分至162，然后单击【确定】按钮。

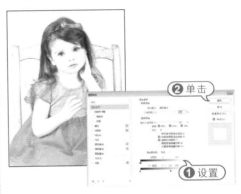

06 在【图层】面板中，按Ctrl+E键合并图层。再选中【背景】图层，单击【创建新图层】按钮新建【图层2】，按Ctrl+Delete键填充白色。

07 在【图层】面板中，选中【图层1】图层，按Ctrl+J键复制图层。再单击【添加图层蒙版】按钮，为【图层1拷贝】图层添加图层蒙版。

08 选择【滤镜】|【杂色】|【添加杂色】命令，打开【添加杂色】对话框。在对话框中，设置【数量】数值为138%，然后单击【确定】按钮。

09 选择【滤镜】|【模糊】|【动感模糊】命令，打开【动感模糊】对话框。在对话框中，设置【角度】数值为45度，【距离】数值为45像素，然后单击【确定】按钮。

10 在【图层】面板中，设置【图层1拷贝】图层的混合模式为【划分】。

11 在【调整】面板中，单击【创建新的曝光度调整图层】图标，打开【属性】面板。在【属性】面板中，设置【灰度

系数校正】数值为0.25，【位移】数值为0.0146。

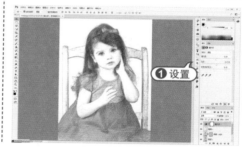

7.3 进阶实战

本章的进阶实战部分通过制作漫画效果和老照片效果的综合实例操作，使用户通过练习从而巩固本章所学知识。

7.3.1 制作漫画效果

【例7-10】制作漫画效果。
（视频+素材）(光盘素材\第07章\例7-10)

01 在Photoshop中，选择【文件】|【打开】命令，选择打开一幅图像文档，按Ctrl+J键复制【背景】图层。

02 在【图层】面板中，右击【图层1】图层，在弹出的菜单中选择【转换为智能对象】命令。

03 选择【滤镜】|【滤镜库】命令，打开【滤镜库】对话框。在对话框的【艺术效果】滤镜组中，选中【海报边缘】滤镜，然后设置【边缘厚度】数值为0，【边缘强度】数值为8，【海报化】数值为1，单击【确定】按钮。

06 在【图层】面板中，双击【滤镜库】后的混合选项图标，打开【混合选项】对话框。在对话框中，设置【不透明度】数值为45%，然后单击【确定】按钮。

04 在【图层】面板中，双击【滤镜库】后的混合选项图标，打开【混合选项】对话框。在对话框中，设置【不透明度】数值为70%，然后单击【确定】按钮。

05 选择【滤镜】|【滤镜库】命令，打开【滤镜库】对话框。在对话框的【艺术效果】滤镜组中，选中【木刻】滤镜，然后设置【色阶数】数值为7，【边缘简化度】数值为4，【边缘逼真度】数值为2，单击【确定】按钮。

07 选择【滤镜】|【像素化】|【彩色半调】命令，打开【彩色半调】对话框。在对话框中，设置【最大半径】数值为4像素，【网角(度)】选项中的【通道1(1)】至【通道4(4)】数值均为45，然后单击【确定】按钮。

08 在【图层】面板中，双击【彩色半调】后的混合选项图标，打开【混合选项】对话框。在对话框中，设置【模式】为【柔光】，然后单击【确定】按钮。

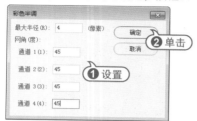

09 在【图层】面板中，选中【背景】图层，按Ctrl+J键复制【背景】图层，并将生成的【背景 拷贝】图层放置在图层最上方。

10 选择【滤镜】|【滤镜库】命令，在打开的对话框中选中【风格化】滤镜组中的【照亮边缘】滤镜，设置【边缘宽度】数值为1，【边缘亮度】数值为8，【平滑度】数值为12，然后单击【确定】按钮。

11 选择【滤镜】|【滤镜库】命令，打开【滤镜库】对话框。在对话框的【素描】滤镜组中，选中【撕边】滤镜，然后设置【图像平衡】数值为5，【平滑度】数值为15，【对比度】数值为5，单击【按

钮。

12 选择【图像】|【调整】|【反相】命令或按Ctrl+I键，反相图像效果。

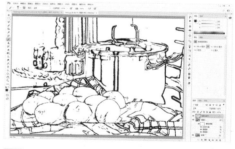

13 在【图层】面板中，设置【背景 拷贝】图层的混合模式为【正片叠底】。

7.3.2 制作怀旧老照片

【例7-11】制作怀旧老照片。
🎬 视频+素材 (光盘素材\第07章\例7-11)

01 在Photoshop中，选择【文件】|【打开】命令，选择打开一幅图像文档，按Ctrl+J键复制【背景】图层。

02 在【调整】面板中，单击【创建新的色彩平衡调整图层】图标。在展开的【属性】面板的【色调】下拉列表中选择【阴影】选项，设置阴影色阶数值为0、-9、0。

03 在【属性】面板中的【色调】下拉列表中选择【高光】选项，设置【高光】色阶数值为0、0、-26。

04 在【调整】面板中，单击【创建新的曲线调整图层】图标。在展开的【属性】面板中，选择【红】通道，并调整红通道的曲线形状。

05 在【属性】面板中，选择【蓝】通道，并调整蓝通道的曲线形状。

06 在【调整】面板中，单击【创建新的色相/饱和度调整图层】图标。在展开的【属性】面板中，设置【饱和度】数值为-20。

07 在【调整】面板中，单击【创建新的曲线调整图层】图标。在展开的【属性】面板中，选择【红】通道，并调整红通道的曲线形状。

08 在【属性】面板中，选择【蓝】通道，并调整蓝通道的曲线形状。

09 在【调整】面板中，单击【创建新的色阶调整图层】图标。在展开的【属性】面板中，选择【蓝】通道，设置输入色阶为20、1.00、255，输出色阶为33、255。

10 按Ctrl+Shift+Alt+E键盖印图层，选择【滤镜】|【镜头校正】命令，打开【镜头校正】对话框。在对话框中，单击【自定】选项卡，设置晕影的【数量】数值为-65，然后单击【确定】按钮。

11 在【调整】面板中，单击【创建新的亮度/对比度调整图层】图标。在展开的【属性】面板中，设置【亮度】数值

为-12，【对比度】数值为37。

12 在【调整】面板中，单击【创建新的色阶调整图层】图标。在展开的【属性】面板中，选择【蓝】通道，设置输出色阶为20、255。

13 在【调整】面板中，单击【创建新的色相/饱和度调整图层】图标。在展开的【属性】面板中，设置【饱和度】为-12，【明度】为5。

14 在【调整】面板中，单击【创建新的色阶调整图层】图标。在展开的【属性】面板中，设置RGB通道输入色阶为14、1.18、220。

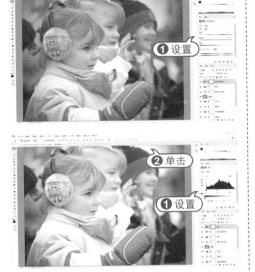

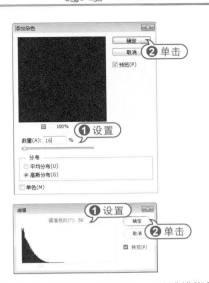

15 在【属性】面板中，选择【红】通道，设置红通道输入色阶为13、1、255。

16 在【图层】面板中，单击【创建新图层】按钮新建【图层3】，并按Alt+Delete键使用前景色填充【图层3】。选择菜单栏中的【滤镜】|【杂色】|【添加杂色】命令，在打开的【添加杂色】对话框中设置【数量】为16%，【分布】为【高斯分布】，单击【确定】按钮关闭对话框，为【图层3】添加杂色。

17 选择菜单栏中的【图像】|【调整】|【阈值】命令，在打开的【阈值】对话框中设置【阈值色阶】为50，单击【确定】按钮关闭对话框。

18 选择【滤镜】|【模糊】|【动感模糊】命令，设置【角度】为90度，【距离】为2000像素，然后单击【确定】按钮。

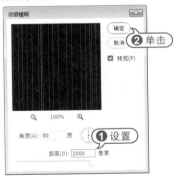

19 选择【滤镜】|【扭曲】|【波纹】命令，打开【波纹】对话框。在对话框中，设置【数量】为-65%，然后单击【确定】按钮。

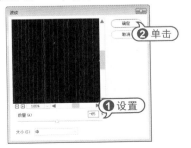

20 在【图层】面板中，将【图层3】的图层混合模式设置为【颜色减淡】，并单击【添加图层蒙版】按钮。

21 选择【画笔】工具，在控制面板中设置画笔大小为200像素，【不透明度】数值为50%，然后使用【画笔】工具在蒙版中涂抹。

22 在【图层】面板中，单击【创建新图层】按钮，创建【图层4】，然后使用前景色填充，并设置图层混合模式为【滤色】。

23 选择【滤镜】|【滤镜库】命令，打开【滤镜库】对话框。在对话框中，选择【艺术效果】滤镜组中的【海绵】滤镜，并设置【画笔大小】为10，【清晰度】为9，【平滑度】为15，然后单击【确定】按钮。

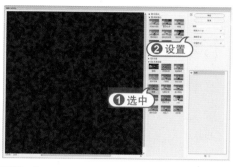

24 在【图层】面板中，单击【添加图层蒙版】按钮。在控制面板中设置【不透明度】为20%，然后使用【画笔】工具在图像蒙版中涂抹。

25 在【图层】面板中，选中【图层2】图层，选择【矩形选框】工具，在工具属性栏中按下【添加到选区】按钮，在图像中任意框选一些区域。

26 按Ctrl+J键将选区保存为【图层5】，选择【滤镜】|【滤镜库】命令，打开【滤镜库】对话框。在对话框中选择【纹理】滤镜组中的【颗粒】滤镜，在【颗粒类型】下拉列表中选择【垂直】选项，设置【强度】为50，【对比度】为30，单击

【确定】按钮。

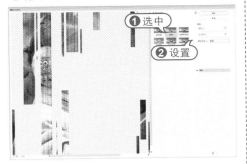

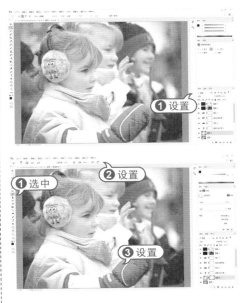

27 在【图层】面板中，设置【图层5】图层的混合模式为【点光】，【不透明度】为60%。

28 在【图层】面板中，单击【添加图层蒙版】按钮。选择【画笔】工具，在控制面板中设置画笔大小为50像素，然后使用【画笔】工具在蒙版中涂抹，使效果更加自然一些。

7.4 疑点解答

● 问：如何使用【渐隐】命令修改编辑结果？

答：【渐隐】命令可以更改任何滤镜、绘画工具、橡皮擦工具或颜色调整的不透明度和混合模式。【渐隐】命令混合模式是绘画和编辑工具选项中的混合模式的子集(【背后】模式和【清除】模式除外)。应用【渐隐】命令类似于在一个单独的图层上应用滤镜效果，然后再使用图层不透明度和混合模式控制。

在【渐隐】对话框中，拖动【不透明度】滑块，可以从0%(透明)到100%调整前一步操作效果的不透明度。在【模式】下拉列表中可以选择效果混合模式。【渐隐】命令必须在进行了编辑操作后立即执行，如其中又进行其他操作，则无法执行命令。

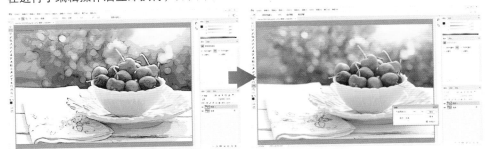

● 问：如何使用智能滤镜？

答：：应用于智能对象的任何滤镜都是智能滤镜，在【图层】面板中，所使用的智能滤镜名称出现在智能对象图层的下方。由于可以调整、移去或隐藏智能滤镜，因此这些滤镜是非破坏性的。如果智能滤镜包含可编辑设置，则可以随时编辑它，也可以编辑智能滤镜的混合选项。在【图层】面板中双击相应的智能滤镜名称，可以重新打开该滤镜的设置对话框，修改设置滤镜选项后，单击【确定】按钮。

编辑智能滤镜混合选项，类似于在对普通图层应用滤镜时使用【渐隐】命令。在【图层】面板中双击该滤镜旁边的【编辑混合选项】图标，在打开的【混合选项】对话框中进行相关设置，然后单击【确定】按钮。

当将智能滤镜应用于某个智能对象时，Photoshop会在【图层】面板中该智能对象下方的智能滤镜行上显示一个空白(白色)蒙版缩览图。默认情况下，此蒙版显示完整的滤镜效果。如果在应用智能滤镜前已建立选区，则Photoshop会在【图层】面板中的智能滤镜行上显示适当的蒙版而非一个空白蒙版。使用滤镜蒙版可有选择地遮盖智能滤镜。当遮盖智能滤镜时，蒙版将应用于所有智能滤镜，无法遮盖单个智能滤镜。滤镜蒙版的工作方式与图层蒙版类似，可以对它们使用许多相同的技巧。与图层蒙版一样，滤镜蒙版将作为Alpha通道存储在【通道】面板中，可以将其边界作为选区载入。

与图层蒙版一样，可在滤镜蒙版上进行绘画。用黑色绘制的滤镜区域将隐藏；用白色绘制的区域将可见；用灰度绘制的区域将以不同级别的透明度出现。使用【蒙版】面板中的控件也可以更改滤镜蒙版浓度，为蒙版边缘添加羽化效果或反相蒙版。

● 问：如何使用【风格化】滤镜组中的【凸出】滤镜？

答：【风格化】滤镜组主要是通过移动和置换图像像素并提高图像像素的对比度，产生特殊的风格化效果。其中，【凸出】滤镜可使选择区域或图层产生一系列块状或金字塔状的三维纹理。

● 【类型】控制面板：用于设置三维块的形状，包括【块】和【金字塔】两个选项。

- 【大小】文本框：用于设置三维块的大小。该数值越大，三维块越大。
- 【深度】文本框：用于设置凸出深度。
- 【随机】单选按钮和【基于色阶】单选按钮：选中【随机】单选按钮表示为每个块或金字塔设置一个任意的深度；选中【基于色阶】单选按钮则表示使用每个对象的深度与其亮度相对应，越亮凸出效果越明显。
- 【立方体正面】复选框：选中该复选框，只对立方体的表面填充物体的平均色，而不是对整个图案填充。
- 【蒙版不完整块】复选框：选中该复选框，将使所有的图像都包括在凸出范围之内。

 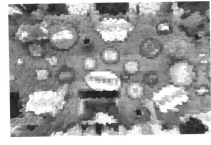

● 问：如何使用【渲染】滤镜组中的【纤维】滤镜？

答：【纤维】滤镜可以根据当前的前景色和背景色来生成类似纤维的纹理效果。

【纤维】滤镜设置参数中，【差异】选项用来设置颜色的变化方式，该值较低时会产生较长的颜色条纹；该值较高时会产生较短且颜色分布变化更大的纤维。【强度】选项用来控制纤维的外观，该值较低时会产生松散的织物效果，该值较高时会产生短绳状纤维。

● 问：如何使用【其他】滤镜组中的滤镜？

答：【其他】滤镜组中包含5种滤镜，其中包含允许用户自定义滤镜的命令，也有使用滤镜修改蒙版、在图像中使选区发生位移和快速调整颜色的命令。

【高反差保留】滤镜在有强烈颜色转变的地方按指定的半径保留边缘细节，并且不显示图像的其余部分，使用此滤镜可以移去图像中的低频细节。其对话框中的【半径】选项用于设定该滤镜分析处理的像素范围，值越大，效果图中所保留原图像的像素越多。

【位移】滤镜可以水平或垂直偏移图像，对于由偏移生成的空缺区域，还可以用不同的方式来填充。

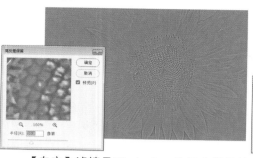

【自定】滤镜是Photoshop为用户提供的可以自定义滤镜效果的功能。它根据预定义的数学运算(称为卷积)更改图像中每个像素的亮度值，这种操作与通道的加、减计算类似。用户可以存储创建的自定滤镜，并将它们应用于其他Photoshop图像。

【最大值】和【最小值】滤镜可以在指定的半径内，用周围像素的最高或最低亮度值替换当前像素的亮度值。【最大值】滤镜具有阻塞的效果，可以扩展白色区域，阻塞黑色区域。【最小值】滤镜具有伸展的效果，可以扩展黑色区域，收缩白色区域。【最大值】滤镜和【最小值】滤镜常用来修改蒙版，【最大值】滤镜用于收缩蒙版，【最小值】滤镜用于扩展蒙版。

第8章

人像照片的处理方法

本章对人像照片的处理进行详细讲解和介绍，使用户快速掌握人像照片的处理方法与技巧。

对应光盘视频

8.1 修复人像瑕疵

通过Photoshop的修复、修饰功能，可以对数码照片中主体人物出现的一些瑕疵进行处理，使人物效果更加理想。

8.1.1 修复红眼问题

在拍摄室内和夜景照片时，常常会出现照片中人物眼睛发红的现象，这就是通常说的红眼现象。这是由于拍摄环境的光线和摄影角度不当，而导致数码相机不能正确识别人眼颜色。

使用Photoshop应用程序中的【红眼】工具，可移去用闪光灯拍摄的人像或动物照片中的红眼，也可以移去用闪光灯拍摄的动物照片中的白色或绿色反光。

【例8-1】修复照片中人物的红眼。
视频+素材 (光盘素材\第08章\例8-1)

----

01 在Photoshop中，选择【文件】|【打开】命令打开照片文件。按Ctrl+J键复制背景图层。

进阶技巧

选择【工具】面板中的【红眼】工具后，在图像文件中红眼的部位单击即可。如果对修正效果不满意，可还原修正操作，在其控制面板中，重新设置【瞳孔大小】数值，增大或减小受红眼工具影响的区域。【变暗量】数值设置校正的暗度。

02 选择【红眼】工具，在控制面板中设置【瞳孔大小】为80%，【变暗量】为50%。然后使用【红眼】工具单击人物瞳孔处。

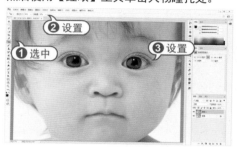

8.1.2 修复皮肤瑕疵

在拍摄时，常常会因为模特人物脸上的色斑、青春痘等问题让照片质量不尽如人意。只要利用Photoshop中的【修复画笔】工具，就能简单地对局部进行处理，去除面部瑕疵。

【例8-2】修复人物面部瑕疵。
视频+素材 (光盘素材\第08章\例8-2)

----

01 在Photoshop中，选择【文件】|【打开】命令打开照片文件。在【图层】面板中单击【创建新图层】按钮。

02 选择【修复画笔】工具，在控制面板中设置画笔样式，在【样本】下拉列表中选择【当前和下方图层】选项。

03 使用【修复画笔】工具，按住Alt键，当鼠标指针变为十字圆形时，在孩子面部没有雀斑的区域单击建立取样点，松开Alt键，然后将鼠标指针移至面部雀斑处涂抹，如遇到细小的地方，可将【修复画笔】工具的笔刷直径设置得小一些，并且在修复的过程中要随时调整取样点，这样修复出来的图像会更真实一些。

04 重复步骤(3)的操作方法将需要处理的部分进行相同操作，完成修复效果。操作时可根据需要调整画笔的大小。

8.1.3 美白牙齿

使用Photoshop可以快速将照片中人物的牙齿变得洁白无瑕。

【例8-3】快速美白人物牙齿。
视频+素材 (光盘素材\第08章\例8-3)

01 在Photoshop中，选择【文件】|【打开】命令打开照片文件。按Ctrl+J键复制背景图层。

02 选择【多边形套索】工具，在控制面板中设置【羽化】数值为4像素，然后使用【多边形套索】工具勾选人物照片中牙齿的部分创建选区。

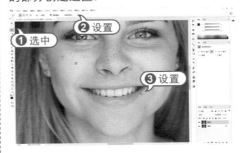

03 单击【调整】面板中的【创建新的照片滤镜调整图层】图标，在打开的【属性】面板中的【滤镜】下拉列表中选择【冷却滤镜(80)】选项，设置【浓度】数值为30%。

8.1.4 美化双瞳

使用Photoshop可以快速使照片中的人物拥有美轮美奂的双瞳效果。

【例8-4】添加炫彩美瞳效果。
🎬 视频+素材 (光盘素材\第08章\例8-4)

01 在Photoshop中，选择【文件】|【打开】命令打开照片文件。按Ctrl+J键复制背景图层。

02 单击【画笔】工具，在控制面板中选择柔边圆画笔样式，设置【大小】数值为35像素，【硬度】数值为50%。

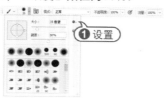

03 单击【以快速蒙版编辑】按钮，在人物眼珠上涂抹创建蒙版。

04 单击【以标准模式编辑】按钮，载入

选区，并按Ctrl+Shift+I组合键反选选区。

05 在【调整】面板中，单击【创建新的色彩平衡调整图层】图标。在展开的【属性】面板中的【色阶】下拉列表中选择【高光】选项，并设置高光的色阶为-57、38、100。

06 在【属性】面板中的【色阶】下拉列表中选择【中间调】选项，并设置中间调的色阶为10、0、-16。

07 按Ctrl+Shift+Alt+E组合键盖印图层，按Ctrl键单击【色彩平衡1】图层蒙版载入选区。

08 在【调整】面板中，单击【创建新的曲线调整图层】图标。在展开的【属性】面板中，调整RGB通道的曲线形状。

8.1.5 消除眼袋

拍摄人物近景时，一双美丽、有神的眼睛会让人物显得神采奕奕。但实际拍摄中，常常会因为人物的眼袋问题，直接影响到画面效果。使用Photoshop中的相关功能可以轻松解决这个问题。

【例8-5】消除人物眼袋。
🎬视频+素材 (光盘素材\第08章\例8-5)

----

01 在Photoshop中，选择【文件】|【打开】命令打开照片文件。按Ctrl+J键复制背景图层。

02 选择【修补】工具，在控制面板中选中【源】按钮，然后在图像中的眼袋位置绘制选区，并向下拖动选区，以其他部位的颜色修补眼袋部位。

03 按Ctrl+D组合键取消选区，再使用步骤(2)中相同的操作方法去除人物的眼袋。

04 按Ctrl+J组合键复制【图层1】，选择【滤镜】|【模糊】|【表面模糊】命令。打开【表面模糊】对话框，设置【半径】数值为60像素，【阈值】数值为15色阶，然后单击【确定】按钮。

05 在【图层】面板中，设置【图层1拷贝】图层的【不透明度】数值为75%。

06 在【图层】面板中，单击【添加图层蒙版】按钮，选择【画笔】工具在图像中涂抹不想柔化的部分。

8.2 人像换肤技法

皮肤处理是人物照片处理的一大要点，皮肤的颜色、光泽以及光滑度等都将直接影响照片的效果。在Photoshop中，可以使用相应的命令和工具，可以快速解决皮肤粗糙、暗黄的肌肤问题，让人像变得白皙动人。

8.2.1 人像照片的快速磨皮

【表面模糊】滤镜能够在保留边缘的同时模糊图像，可用来创建特殊效果并消除杂色或颗粒。使用该滤镜为人像磨皮，效果非常好。

【例8-6】使用【表面模糊】滤镜调整图像。
视频+素材 (光盘素材\第08章\例8-6)

01 在Photoshop中，选择【文件】|【打开】命令打开照片文件。按Ctrl+J键复制背景图层。

02 在【图层】面板中，右击【图层1】图层，在弹出的快捷菜单中选择【转换为智能对象】命令。

03 选择【滤镜】|【模糊】|【表面模糊】命令，打开【表面模糊】对话框。在对话框中设置【半径】数值为35像素，【阈值】数值为15色阶，然后单击【确定】按钮应用设置。

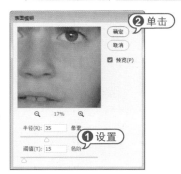

04 在【图层】面板中，选中【智能滤镜】蒙版。选择【画笔】工具，在控制面板中设置柔边画笔样式，【不透明度】为20%，然后在图像中擦除不需要保留的

部分。

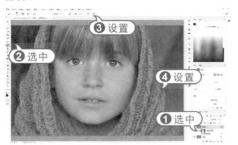

05 按Shift+Ctrl+Alt+E键盖印图层，生成
【图层2】图层。选择【污点修复画笔】工
具，在控制面板中设置柔边画笔样式，进
一步修复人物面部的瑕疵。

8.2.2 打造细腻肌肤

应用【蒙尘与划痕】滤镜可去除图像
中的噪点和斑驳。选择【蒙尘与划痕】命
令，可以打开【蒙尘与划痕】对话框进行
设置。

【例8-7】使用【蒙尘与划痕】滤镜调整
图像。
视频+素材 (光盘素材\第08章\例8-7)

01 在Photoshop中，选择【文件】|【打
开】命令打开照片文件。按Ctrl+J键复制背
景图层。

02 选择【滤镜】|【杂色】|【蒙尘与划
痕】命令，打开【蒙尘与划痕】对话框，
设置【半径】数值为6像素，【阈值】数值
为2色阶，然后单击【确定】按钮。

03 单击【添加图层蒙版】按钮，添加
图层蒙版。选择【套索】工具勾选人物脸
部，创建选区。

04 按Shift+Ctrl+I键反选选区，再按
Ctrl+Delete键使用黑色填充蒙版，然后按
Ctrl+D键取消选区。

05 选择【画笔】工具，在控制面板中设置柔边画笔样式，【不透明度】为20%，然后在人物面部擦除不需要保留的部分。

知识点滴

在【蒙尘与划痕】对话框中，为了在锐化图像和隐藏瑕疵之间取得平衡，可尝试【半径】与【阈值】设置的各种组合。【半径】值越高，模糊程度越强；【阈值】则用于定义像素的差异有多大才能被视为杂点，该值越高，去除杂点的效果越弱。

06 按Shift+Ctrl+Alt+E键盖印图层，生成【图层2】。然后选择【滤镜】|【锐化】|【USM锐化】命令，打开【USM锐化】对话框。在对话框中，设置【数量】数值为85%，然后单击【确定】按钮。

8.2.3 保留肤质磨皮法

在Photoshop中，通过使用图层的混合模式可以快速提亮人物肤色。

【例8-8】保留肤质磨皮法。

🔵 视频+素材 (光盘素材\第08章\例8-8)

01 在Photoshop中，选择【文件】|【打开】命令打开照片文件。按Ctrl+J键复制背景图层。

02 选择【污点修复画笔】工具，在人物面部涂抹修复瑕疵。

03 选择【滤镜】|【锐化】|【USM锐化】命令，打开【USM锐化】对话框。在对话框中，设置【数量】数值为165%，【半径】数值为1.5像素，然后单击【确定】按钮。

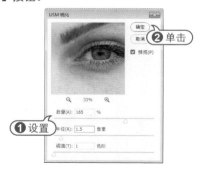

04 按Shift+Ctrl+N键，打开【新建图层】对话框。在对话框的【模式】下拉列表中

选择【柔光】选项，并选中【填充柔光中性色(50%灰)】复选框。

05 在工具面板中将前景色设置为白色，选择【画笔】工具，在控制面板中设置柔边画笔样式，【不透明度】数值为10%。然后使用【画笔】工具在图像中涂抹脸部需要减淡的部位。

06 在工具面板中将前景色设置为黑色，使用【画笔】工具在图像中涂抹脸部需要加深的部位。

07 按Shift+Ctrl+Alt+E键盖印图层，生成【图层3】图层。选择【滤镜】|【锐化】|【USM锐化】命令，打开【USM锐化】对话框。在对话框中，设置【数量】数值为60%，【半径】数值为1像素，然后单击【确定】按钮。

08 选择【减淡】工具，在控制面板中设置柔边画笔样式，在【范围】下拉列表中选择【高光】选项，设置【曝光度】数值为10%，然后使用【减淡】工具调整人物

的双瞳效果。

8.2.4 高级磨皮技法

在Photoshop中处理人像照片时，保留人像细节的同时，去除细小色斑以及瑕疵等，可以得到光滑细腻的肌肤。

【例8-9】打造人物细腻肌肤。
🎬 视频+素材 (光盘素材\第08章\例8-9)

01 在Photoshop中，选择【文件】|【打开】命令打开照片文件。

02 打开【通道】面板，将【蓝】通道拖动到【创建新通道】按钮上释放，创建【蓝 拷贝】通道。

03 选择【滤镜】|【其他】|【高反差保留】命令。在打开的对话框中，设置【半径】为10像素，然后单击【确定】按钮。

04 在【颜色】面板中，设置前景色K数值为50%。选择【画笔】工具涂抹人物的眼睛和嘴巴位置。

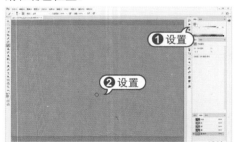

05 选择【图像】|【计算】命令，弹出【计算】对话框，单击【混合】下拉列表，选择【强光】选项，然后单击【确定】按钮生成Alpha1。

06 再选择【图像】|【计算】命令两次，分别生成Alpha2和Alpha3。

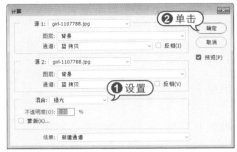

07 按Ctrl键单击Alpha 3通道缩览图，载入选区。

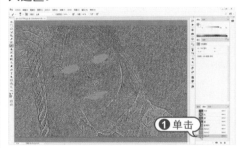

08 单击RGB通道，按Ctrl+Shift+I组合键反选选区。

09 在【调整】面板中，单击【创建新的曲线调整图层】图标，在打开的【属性】

面板中调整曲线的形状。

10 按Shift+Ctrl+Alt+E组合键盖印图层，生成【图层1】。按Ctrl+J键复制【图层1】，生成【图层1拷贝】。选择【滤镜】|【模糊】|【表面模糊】命令，打开【表面模糊】对话框。在对话框中，设置【半径】数值为50像素，【阈值】数值为15色阶，然后单击【确定】按钮。

11 在【图层】面板中，选中【背景】图层，再按Ctrl+J键两次复制【背景】图层，生成【背景拷贝】图层和【背景拷贝2】图层。并将复制的图层移动至图层最上方。

12 在【图层】面板中，关闭【背景拷贝2】图层视图，选中【背景拷贝】图层。

选择【滤镜】|【模糊】|【表面模糊】命令，打开【表面模糊】对话框。在对话框中，设置【半径】数值为60像素，【阈值】数值为30色阶，然后单击【确定】按钮。

13 在【图层】面板中，设置【背景拷贝】图层的【不透明度】数值为65%。

14 在【图层】面板中，打开【背景拷贝2】图层视图，并选中【背景拷贝2】图层。选择【图像】|【应用图像】命令，弹出【应用图像】对话框，在【通道】下拉列表中选择【红】选项，在【混合】下拉列表选择【正常】选项，然后单击【确定】按钮。

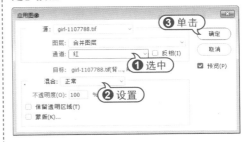

15 选择【滤镜】|【其他】|【高反差

保留】命令。在打开的对话框中，设置【半径】为4像素，然后单击【确定】按钮。

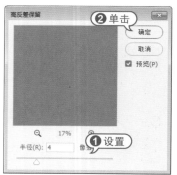

16 在【图层】面板中，设置【背景拷贝2】图层的混合模式为【强光】。

17 选择【画笔】工具，将前景色设置为白色，在控制面板中设置柔边圆画笔样式，【不透明度】数值为5%，然后使用【画笔】工具调整人物的面部效果。

18 按Shift+Ctrl+Alt+E组合键盖印图层，生成【图层2】。选择【滤镜】|【锐化】|【USM锐化】命令，打开【USM锐化】对话框。在对话框中，设置【数量】数值为

110%，【半径】数值为2像素，然后单击【确定】按钮。

知识点滴

【最小值】滤镜具有伸展的效果，可以扩展黑色区域、收缩白色区域。

8.2.5 美白肤色法

除了使用图层混合的方式可以提亮人物肤色外，还可以使用Photoshop中的调整图层命令美白人物肤色。

- -

【例8-10】美白人物肤色。
💿 视频+素材 (光盘素材\第08章\例8-10)

- -

01 在Photoshop中，选择【文件】|【打开】命令打开照片文件。按Ctrl+J键复制背景图层。

02 单击【调整】面板中的【创建新的黑白调整图层】图标，创建【黑白】调整图层，并在【图层】面板中设置混合模式为【柔光】。

性】面板，设置【红色】数值为131，【黄色】数值为124，【洋红】数值为200。

03 选中【图层1】图层，单击【创建新图层】按钮，新建【图层2】图层。在【色板】面板中单击【50%灰色】色板，按Alt+Delete组合键填充【图层2】图层，并设置图层混合模式为【柔光】。

05 在【图层】面板中，选中【图层2】图层。选择【减淡】工具，在控制面板中设置【曝光度】数值为4%，然后使用【减淡】工具在人物面部暗部涂抹。

04 双击【黑白1】调整图层，打开【属

8.3 修饰人物的脸型和体型

　　【液化】滤镜是修饰图像和创建艺术效果的强大工具，常用于数码照片修饰。【液化】命令的使用方法较简单，但功能相当强大，可以创建推、拉、旋转、扭曲和收缩等变形效果。选择【滤镜】|【液化】命令，可以打开【液化】对话框。在对话框右侧选中【高级模式】复选框可以显示出完整的功能设置选项。

　　【液化】对话框中包含各种变形工具，选择这些工具后，在对话框中的图像上单击并拖动鼠标即可进行变形操作，变形效果集中在画笔区域的中心，并且会随着鼠标在某个区域中的重复拖动而得到增强。

　　💡 工具面板：执行液化的各种工具，包括【向前变形】工具、【重建】工具、【顺时针旋转扭曲】工具、【褶皱】工具、【膨胀】工具、【左推】工具、【冻结蒙版】工具、【解冻蒙版】工具、【脸部】

工具、【抓手】工具、【缩放】工具等。其中【向前变形】工具是通过在图像上拖动，向前推动图像而产生的不规则形态。【重建】工具通过绘制变形区域，能部分或全部恢复图像的原始状态。【冻结蒙版】工具将不需要液化的区域创建为冻结的蒙版。【解冻蒙版】工具擦除保护的蒙版区域。

　　💡 【画笔大小】文本框：该选项用于设置所选工具画笔的宽度，可以设置1~15000

之间的数值。

　　【画笔密度】文本框：该选项可以对画笔边缘的软硬程度进行设置，使画笔产生羽化效果，设置的数值越小，羽化效果越明显，可以设置0~100之间的数值。

　　【画笔压力】文本框：该选项可以改变画笔在图像中进行拖动时的扭曲速度，设置的画笔压力越低，其扭曲速度越慢，也能更加容易地在合适的时候停止绘制，可以设置1~100之间的数值。

　　【画笔速率】文本框：在选择【顺时针旋转扭曲】工具、【褶皱】工具、【膨胀】工具和【左推】工具的情况下，该选项被激活。用于设置使用上述工具在预览图像中按住鼠标保持静止状态时扭曲的速度。设置的数值越大，则应用扭曲的速度越快；反之，则应用扭曲的速度越慢。

　　【重建选项】选项组：重建液化的方式。【重建】按钮将未冻结的区域恢复为原始状态；【恢复全部】按钮可以一次性恢复全部未冻结的区域。

　　【蒙版选项】选项组：设置蒙版的创建方式。【无】按钮可以移去图像中所有的冻结区域；【全部蒙住】按钮冻结整个图像；【全部反相】按钮反相所有冻结区域。

　　【视图选项】选项组：定义当前图像、蒙版以及背景图像的显示方式。选中【显示图像】复选框可以显示图像的预览效果。选中【显示网格】复选框可以激活【网格大小】和【网格颜色】选项，在预览区中显示网格。选中【显示蒙版】复选

框可以激活【蒙版颜色】选项，选择相应的颜色在图像中显示冻结区域。选中【显示背景】复选框可以激活【使用】、【模式】和【不透明度】选项，在预览图像中会以半透明形式显示图像中的其他图层，设置【不透明度】数值可以调节其他图层的不透明度程度。

【例8-11】使用【液化】命令整形人物。
　　视频+素材 (光盘素材\第08章\例8-11)

01 在Photoshop中，选择【文件】|【打开】命令打开照片文件。按Ctrl+J键复制背景图层。

02 选择【滤镜】|【液化】命令，打开【液化】对话框。在对话框中，选中【向前变形】工具，在右侧的【属性】窗格的【画笔工具选项】中，设置【大小】数值为175，【压力】数值为45，然后使用【向前变形】工具在预览窗格中调整人物体型。

03 选择【脸部】工具，将光标停留在人物面部周围，调整显示的控制点可以调整脸型。

① 选中

② 设置

04 在右侧的【属性】窗格的【人脸识别液化】选项中，单击【眼睛】选项下【眼睛高度】选项中的⑧按钮，并设置数值为-100；设置【鼻子】选项下【鼻子宽

度】数值为-50；设置【嘴唇】选项下【上嘴唇】数值为-100，【嘴唇宽度】数值为100，【嘴唇高度】数值为-77，然后单击【确定】按钮应用调整。

① 设置

8.4 人像照片的美化和增色

利用Photoshop中的工具和命令，用户可以为自己打造魅力妆容，并增强妆容效果。

8.4.1 为人物添加妆容

【画笔】工具可以轻松地模拟真实的绘画效果，也可以用来修改通道和蒙版效果，是Photoshop中最为常用的绘画工具。

选择【画笔】工具后，在控制面板中可以设置画笔的各项参数选项，以调节画笔绘制效果。其中主要选项介绍如下。

🌑 【画笔预设】选取器：用于设置画笔的大小、样式及硬度等参数选项。

🌑 【模式】选项：该下拉列表用于设置在绘画过程中画笔与图像产生特殊混合效果。

🌑 【不透明度】选项：此数值用于设置绘制画笔效果的不透明度，数值为100%时表示画笔效果完全不透明，而数值为1%时则表示画笔效果接近完全透明。

🌑 【流量】选项：此数值可以设置【画笔】工具应用油彩的速度，该数值较低会形成较轻的描边效果。

【例8-12】使用【画笔】工具为人物添加妆容。

🌑视频+素材 (光盘素材\第08章\例8-12)

01 在Photoshop中，选择【文件】|【打开】命令，选择打开需要处理的照片，并在【图层】面板中单击【创建新图层】按钮新建【图层1】图层。

02 选择【画笔】工具，并单击控制面板中的画笔预设选取器，在弹出的下拉面板中选择柔边圆画笔样式，设置【大小】数值为500像素，【不透明度】数值为30%。

✏ ● 500 ∨ ⊞ 模式：正常 不透明度：30%

03 在【颜色】面板中，设置前景色为R:241、G:148、B:112。在【图层】面板中，设置【图层1】图层的混合模式为【正片叠底】，【不透明度】数值为80%。然后使用【画笔】工具给人物添加眼影。

04 在【图层】面板中，单击【创建新图层】按钮，新建【图层2】图层，设置【图层2】图层的混合模式为【叠加】，不透明度数值为80%。在【色板】面板中单击【纯洋红】色板。然后使用【画笔】工具在人物的嘴唇处涂抹。

05 选择【橡皮擦】工具，在控制面板中设置【不透明度】数值为30%。然后使用【橡皮擦】工具在嘴唇边缘附近涂抹，修饰涂抹效果。

8.4.2 打造诱人双唇

在Photoshop中，可以通过为人物嘴唇绘制唇彩效果，并调亮画面色调，使人物嘴唇立刻丰润起来，增强人物魅力。

【例8-13】打造诱人双唇。
🎬 视频+素材（光盘素材\第08章\例8-13）

01 在Photoshop中选择菜单栏中的【文件】|【打开】命令，选择打开需要处理的照片。

02 单击工具面板中的【以快速蒙版模式编辑】按钮，选择【画笔】工具涂抹人物唇部。

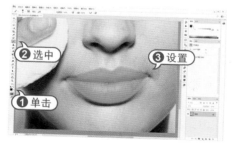

03 单击工具面板中的【以标准模式编辑】按钮，将蒙版转换为选区。按Shift+Ctrl+I组合键反选选区。

04 选择【选择】|【修改】|【羽化】命令，打开【羽化选区】对话框。设置【羽化半径】为2像素，然后单击【确定】按钮。

05 选中【图层】面板，单击【创建新的填充或调整图层】按钮，在弹出的菜单中选择【纯色】命令。在打开的【拾色器】对话框中，设置填充颜色为R：204、G：0、B：102，然后单击【确定】按钮。

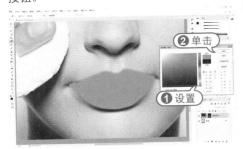

06 在【图层】面板中，设置【颜色填充1】图层的混合模式为【柔光】。

07 右击【颜色填充1】图层，在弹出的快捷菜单中选择【栅格化图层】命令。选择【滤镜】|【杂色】|【添加杂色】命令，打开【添加杂色】对话框。在对话框中，选中【高斯分布】单选按钮，设置【数量】数值为50%，单击【确定】按钮。

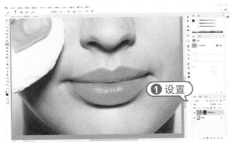

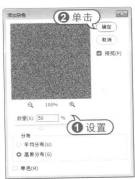

08 在【图层】面板中，设置图层【不透明度】为70%。按Ctrl键单击【颜色填充1】图层蒙版，载入选区。

09 选择【选择】|【修改】|【羽化】命令，打开【羽化选区】对话框。设置【羽化半径】为4像素，然后单击【确定】按钮。

10 在【调整】面板中，单击【创建新的渐变映射调整图层】图标。在【图层】

面板中，设置图层混合模式为【颜色减淡】，【不透明度】为50%。

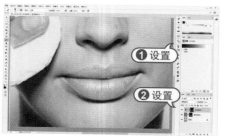

11 在【属性】面板中，单击编辑渐变，在打开的【渐变编辑器】对话框中设置渐变样式，然后单击【确定】按钮。

8.4.3 改变发色

使用Photoshop可以改变照片中人物的发色。通过设置颜色和图层混合模式，即可轻松地获得染发后的效果。

【例8-14】改变发型颜色。
🎬 视频+素材 (光盘素材\第08章\例8-14)

01 在Photoshop中选择菜单栏中的【文件】|【打开】命令，选择打开需要处理的照片。

02 在【图层】面板中，单击【创建新图层】按钮，新建【图层1】图层，并设置图层混合模式为【色相】。在【颜色】面板中，设置颜色为R:20、G:184、B:209。选择【画笔】工具，在控制面板中设置柔边画笔样式，【不透明度】数值为50%，然后使用【画笔】工具在人物头发处涂抹。

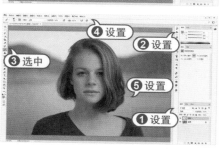

03 在【图层】面板中，单击【添加图层蒙版】按钮，在控制面板中设置【不透明度】为30%，然后使用【画笔】工具在【图层1】图层蒙版中涂抹，进一步修饰头发。

8.4.4 打造质感肤色

使用Photoshop给照片中的人物处理肤质问题后，还可以通过调整色调打造具有质感的肤色。

【例8-15】打造质感肤色。
🎬 视频+素材 (光盘素材\第08章\例8-15)

01 在Photoshop中，选择菜单栏中的【文件】|【打开】命令，选择打开需要处

理的照片，按Ctrl+J键复制【背景】图层。

02 选择【污点修复画笔】工具，在人物面部涂抹修复瑕疵。

03 选择【滤镜】|【锐化】|【USM锐化】命令，打开【USM锐化】对话框。在对话框中，设置【数量】数值为110%，【半径】数值为2像素，然后单击【确定】按钮。

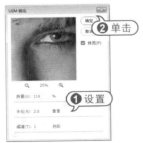

04 按Shift+Ctrl+N键，打开【新建图层】对话框。在对话框的【模式】下拉列表中选择【柔光】选项，并选中【填充柔光中性色(50%灰)】复选框，然后单击【确定】按钮。

05 在工具面板中将前景色设置为白色，选择【画笔】工具，在控制面板中设置柔边画笔样式，【不透明度】数值为10%。然后使用【画笔】工具在图像中涂抹脸部需要减淡的部位。

06 在工具面板中将前景色设置为黑色，使用【画笔】工具在图像中涂抹脸部需要加深的部位。

07 按Shift+Ctrl+Alt+E键盖印图层，生成【图层3】图层。选择【滤镜】|【锐化】|【USM锐化】命令，打开【USM锐化】对话框。在对话框中，设置【数量】数值为80%，【半径】数值为1.5像素，然后单击【确定】按钮。

08 在【图层】面板中，单击【创建新图层】按钮，新建【图层4】，并设置图层的混合模式为【颜色】。在【颜色】面板中，设置颜色R:205、G:50、B:30。在【画笔】工具控制面板中设置【不透明度】数值为30%，然后使用【画笔】工具涂抹人物嘴唇部分。

09 在【图层】面板中,单击【添加图层蒙版】按钮,将前景色设置为黑色,然后修饰唇色。

10 在【图层】面板中,单击【创建新图层】按钮,新建【图层5】,并设置图层的混合模式为【颜色】。在【颜色】面板中,设置颜色R:0、G:103、B:161。然后使用【画笔】工具涂抹人物双瞳部分。

11 在【调整】面板中,单击【创建新的色彩平衡调整图层】图标,打开【属性】面板。在【属性】面板中,设置【中间调】色阶数值为-13、-25、-26。

12 在【属性】面板的【色阶】下拉列表中选择【阴影】选项,设置色阶数值为6、

-4、-4。

13 在【属性】面板的【色阶】下拉列表中选择【高光】选项,设置色阶数值为15、19、-5。

14 在【调整】面板中,单击【创建新的曲线调整图层】图标,打开【属性】面板。在【属性】面板中,调整RGB的曲线形状。

8.5 进阶实战

本章的进阶实战通过调整写真复古色调和人像油画的综合实例操作，使用户通过练习从而巩固本章所学知识。

8.5.1 调整写真复古暖色调

【例8-16】调整写真复古暖色调效果。
🎬 视频+素材 (光盘素材\第08章\例8-16)

01 选择【文件】|【打开】命令打开素材图像文件，按Ctrl+J键复制图像【背景】图层。

02 在【图层】面板中，单击【添加新的填充或调整图层】按钮，从弹出的菜单中选择【纯色】命令，打开【拾色器(纯色)】对话框。在对话框中设置填充颜色为R:50、G:138、B:148，然后单击【确定】按钮，创建纯色填充图层。

03 在【图层】面板中，设置【颜色填充1】图层的混合模式为【差值】，设置【填充】数值为30%。

04 在【调整】面板中，单击【创建新的亮度/对比度调整图层】图标 。在打开的【属性】面板中，设置【亮度】数值为80，【对比度】数值为-35。

05 在【图层】面板中，选中【亮度/对比度1】图层蒙版。选择【画笔】工具，在工具控制面板中选择柔边圆画笔样式，大小为500像素，设置【不透明度】数值为20%，然后使用【画笔】工具在图像中曝光过度的地方涂抹。

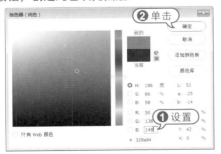

06 在【调整】面板中，单击【创建新的可选颜色调整图层】图标 。在打开的【属性】面板中，单击【颜色】下拉列表，选择【黄色】选项，然后设置【洋红】数值为21%，【黄色】数值为-15%，【黑色】数值为-10%。

07 按Shift+Ctrl+Alt+E键盖印图层，生成【图层2】。

08 按Ctrl+Alt+2键调取图像中的高光区域，再选择【选择】|【反选】命令反选选区范围。

09 在【调整】面板中，单击【创建新的曝光度调整图层】图标 。在打开的【属性】面板中，设置【灰度系数校正】数值为1.20。

10 在【图层】面板中，按Ctrl键单击【曝光度1】图层蒙版缩览图载入选区。

11 在【图层】面板中，单击【添加新的填充或调整图层】按钮，从弹出的菜单中选择【纯色】命令，打开【拾色器(纯色)】对话框。在对话框中设置填充颜色为R:57、G:55、B:55，然后单击【确定】按钮，创建纯色填充图层。

12 在【图层】面板中，设置【颜色填充2】的【填充】数值为20%。

13 按Shift+Ctrl+Alt+E键盖印图层，生成【图层3】。选择【滤镜】|【渲染】|【镜头光晕】命令，打开【镜头光晕】对话框。在对话框中的图像缩览图上单击指定光晕中心，选中【电影镜头】单选按钮，然后单击【确定】按钮应用效果。

进阶技巧

按Ctrl+Alt+3键可选择红通道的高光。
按Ctrl+Alt+4键可选择绿通道的高光。
按Ctrl+Alt+5键可选择蓝通道的高光。

8.5.2 制作逼真油画效果

【例8-17】制作逼真油画效果。
🎬 视频+素材 (光盘素材\第08章\例8-17)

01 选择【文件】|【打开】命令打开素材图像文件。

02 在【调整】面板中，单击【创建新的曲线调整图层】图标，打开【属性】面板。在【属性】面板中，调整RGB曲线形状提亮人物面部。

03 选择【画笔】工具，在控制面板中设置柔边圆画笔样式，【不透明度】数值为20%，然后在【曲线1】图层蒙版中涂抹人物面部亮部。

04 在【调整】面板中，单击【创建新的色相/饱和度调整图层】图标，打开【属性】面板。在【属性】面板中，设置【饱和度】数值为-30，【明度】数值为5。

05 使用【画笔】工具在【色相/饱和度1】图层蒙版中，涂抹人物面部五官恢复饱和度。

06 按Shift+Ctrl+Alt+E键盖印图层，生成【图层1】。选择【滤镜】|【锐化】|【USM锐化】命令，打开【USM锐化】对话框。在对话框中，设置【数量】数值为90%，【半径】数值为1像素，然后单击【确定】按钮。

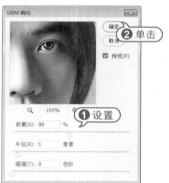

07 选择【文件】|【置入嵌入的智能对象】命令，打开【置入嵌入对象】对话框。在对话框中，选中所需要的图像文件，然后单击【置入】按钮。

08 置入图像文件，并在【图层】面板中

设置图层混合模式为【正片叠底】，【不透明度】数值为80%。

09 按Shift+Ctrl+Alt+E键盖印图层，生成【图层2】。在图层上右击，从弹出的菜单中选择【转换为智能对象】命令。选择【滤镜】|【滤镜库】命令，打开【滤镜库】对话框。在对话框中，选中【艺术效果】滤镜组中的【绘画涂抹】滤镜，然后设置【画笔大小】数值为1，【锐化程度】数值为2，再单击【确定】按钮。

10 在【调整】面板中，单击【创建新的曲线调整图层】图标，打开【属性】面板。在【属性】面板中，调整RGB曲线形状提亮人物面部。

8.6 疑点解答

● 问：如何使用【渐变】工具？

答：使用【渐变】工具可以在图像中创建多种颜色间逐渐过渡混合的效果。选择该工具后，用户可以根据需要在【渐变编辑器】对话框中设置渐变颜色，也可以选择系统自带的预设渐变应用于图像中。按G键，即可选择控制面板中的【渐变】工具。选择【渐变】工具后，在控制面板中设置需要的渐变样式和颜色，然后在图像中单击并拖动出一条直线，以标示渐变的起始点和终点，释放鼠标后即可填充渐变。

● 【点按可编辑渐变】选项：显示了当前的渐变颜色，单击它右侧的 ∨ 按钮，可以打开一个下拉面板，在面板中可以选择预设的渐变。直接单击渐变颜色条，则可以打开【渐变编辑器】对话框，在【渐变编辑器】对话框中可以编辑、保存渐变颜色样式。

● 【渐变类型】：在控制面板中可以通过单击选择【线性渐变】、【径向渐变】、【角度渐变】、【对称渐变】、【菱形渐变】5种渐变方式。

线性渐变　　径向渐变　　角度渐变　　对称渐变　　菱形渐变

● 【模式】：用来设置应用渐变时的混合模式。

● 【不透明度】：用来设置渐变效果的不透明度。

● 【反向】：可转换渐变中的颜色顺序，得到反向的渐变效果。

● 【仿色】：可用较小的带宽创建较平滑的混合，可防止打印时出现条带化现象。但在屏幕上并不能明显地体现出仿色的作用。

● 【透明区域】：选中该项，可创建透明渐变；取消选中可创建实色渐变。

单击控制面板中的渐变样式预览可以打开【渐变编辑器】对话框。对话框中各选项的作用如下。对话框的【预设】窗口提供了各种自带的渐变样式缩览图。通过单击缩览图，即可选取渐变样式，并且对话框的下方将显示该渐变样式的各项参数及选项设置。

- 【名称】文本框：用于显示当前所选择的渐变样式名称或设置新建样式的名称。
- 【新建】按钮：单击该按钮，可以根据当前渐变设置创建一个新的渐变样式，并添加在【预设】窗口的末端位置。
- 【渐变类型】下拉列表：包括【实底】和【杂色】两个选项。当选择【实底】选项时，可以对均匀渐变的过渡色进行设置；选择【杂色】选项时，可以对粗糙的渐变过渡色进行设置。
- 【平滑度】选项：用于调节渐变的光滑程度。
- 【色标】滑块：用于控制颜色在渐变中的位置。如果在色标上单击并拖动鼠标，即可调整该颜色在渐变中的位置。要想在渐变中添加新颜色，可以在渐变颜色编辑条下方单击，即可创建一个新的色标，然后双击该色标，在打开的【拾取器】对话框中设置所需的色标颜色。用户也可以先选择色标，然后通过【渐变编辑器】对话框中的【颜色】选项进行颜色设置。
- 【颜色中点】滑块：在单击色标时，会显示其与相邻色标之间的颜色过渡中点。拖动该中点，可以调整渐变颜色之间的颜色过渡范围。
- 【不透明度色标】滑块：用于设置渐变颜色的不透明度。在渐变样式编辑条上选择【不透明度色标】滑块，然后通过【渐变编辑器】对话框中的【不透明度】文本框设置其位置颜色的不透明度。在单击【不透明度色标】时，会显示其与相邻不透明度色标之间的不透明度过渡点。拖动该中点，可以调整渐变颜色之间的不透明度过渡范围。
- 【位置】文本框：用于设置色标或不透明度色标在渐变样式编辑条上的相对位置。
- 【删除】按钮：用于删除所选择的色标或不透明度色标。
- 问：如何使用【颜色替换】工具？

答：【颜色替换】工具可以简化图像中特定颜色的替换，并使用校正颜色在目标颜色上绘画。该工具可以设置颜色取样的方式和替换颜色的范围。但【颜色替换】工具不适用于【位图】、【索引】或【多通道】颜色模式的图像。

单击【颜色替换】工具，即可显示【颜色替换】工具控制面板。

- 【模式】：用来设置替换的内容，包括【色相】、【饱和度】、【颜色】和【明度】。默认为【颜色】选项，表示可以同时替换色相、饱和度和明度。
- 【取样：连续】按钮：可以在拖动鼠标时连续对颜色取样。
- 【取样：一次】按钮：可以只替换包含第一次单击的颜色区域中的目标颜色。
- 【取样：背景色板】按钮：可以只替换包含当前背景色的区域。
- 【限制】下拉列表：在此下拉列表中，【不连续】选项用于替换出现在光标指针下任何位置的颜色样本；【连续】选项用于替换与紧挨在光标指针下的颜色邻近的颜色；【查找边缘】选项用于替换包含样本颜色的连续区域，同时更好地保留形状边缘的锐化程度。
- 【容差】选项：用于设置在图像文件中颜色的替换范围。
- 【消除锯齿】复选框：可以去除替换颜色后的锯齿状边缘。

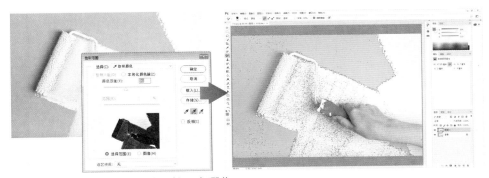

● 问：【画笔】工具的使用技巧有哪些？

答：使用【画笔】工具时，按下[键可以减小画笔的直径，按下]键可以增加画笔的直径；对于实边圆、柔边圆和书法画笔，按下Shift+[组合键可减小画笔的硬度，按下Shift+]组合键可以增加画笔的硬度。

按下键盘中的数字键可以调整工具的不透明度。例如，按下1时，不透明度为10%；按下5时，不透明度为50%；按下75，不透明度为75%；按下0时，不透明度恢复为100%。使用【画笔】工具时，在画面中单击，然后按住Shift键单击画面中任意一点，两点之间会以直线连接。按住Shift键还可以绘制水平、垂直或45°角为增量的直线。

● 问：如何使用图层的混合模式？

答：混合模式是一项非常重要的功能。图层的混合模式指当图像叠加时，上方图层和下方图层的像素进行混合，从而得到另外一种图像效果，且不会对图像造成任何的破坏，再结合对图层不透明度的设置，可以控制图层混合后显示的深浅程度，常用于合成和特效制作。

在【图层】面板的【设置图层的混合模式】下拉列表中，可以选择【正常】、【溶解】、【滤色】等混合模式。使用这些混合模式，可以混合所选图层中的图像与下方所有图层中的图像效果。

🔵 【正常】模式：Photoshop默认模式，使用时不产生任何特殊效果。

🔵 【溶解】模式：选择此选项后，图像画面产生溶解、粒状效果。其右侧的【不透明度】值越小，溶解效果越明显。

🔵 【变暗】模式：选择此选项，在绘制图像时，软件将取两种颜色的暗色作为最终色，亮于底色的颜色将被替换，暗于底色的颜色保持不变。

- 【正片叠底】模式：选择此选项，可以产生比底色与绘制色都暗的颜色，可以用来制作阴影效果。
- 【颜色加深】模式：选择此选项，可以使图像色彩加深，亮度降低。
- 【线性加深】模式：选择此选项，系统会通过降低图像画面亮度使底色变暗从而反映绘制的颜色。当与白色混合时，将不发生变化。
- 【深色】模式：选择此选项，系统将从底色和混合色中选择最小的通道值来创建结果颜色。

- 【变亮】模式：这种模式只有在当前颜色比底色深的情况下才起作用，底图的浅色将覆盖绘制的深色。
- 【滤色】模式：此选项与【正片叠底】选项的功能相反，通常这种模式的颜色都较浅。任何颜色的底色与绘制的黑色混合，原颜色都不受影响；与绘制的白色混合将得到白色；与绘制的其他颜色混合将得到漂白效果。
- 【颜色减淡】模式：选择此选项，将通过降低对比度，使底色的颜色变亮来反映绘制的颜色，与黑色混合没有变化。
- 【线性减淡(添加)】模式：选择此选项，将通过增加亮度使底色的颜色变亮来反映绘制的颜色，与黑色混合没有变化。

- 【浅色】模式：选择此选项，系统将从底色和混合色中选择最大的通道值来创建结果颜色。
- 【叠加】模式：选择此选项，使图案或颜色在现有像素上叠加，同时保留基色的明暗对比。
- 【柔光】模式：选择此选项，系统将根据绘制色的明暗程度来决定最终是变亮还是变暗。当绘制的颜色比50%的灰色暗时，图像通过增加对比度变暗。
- 【强光】模式：选择此选项，系统将根据混合颜色决定执行正片叠底还是过滤。当绘制的颜色比50%的灰色亮时，底色图像变亮；当比50%的灰色暗时，底色图像变暗。

🔵 【亮光】模式：选择此选项，系统将根据绘制色通过增加或降低对比度来加深或减淡颜色。当绘制的颜色比50%的灰色暗时，图像通过增加对比度变暗。

🔵 【线性光】模式：选择此选项，系统同样根据绘制色通过增加或降低亮度来加深或减淡颜色。当绘制的颜色比50%的灰色亮时，图像通过增加亮度变亮，当比50%的灰色暗时，图像通过降低亮度变暗。

🔵 【点光】模式：选择此选项，系统将根据绘制色来替换颜色。当绘制的颜色比50%的灰色亮时，则绘制色被替换，但比绘制色亮的像素不被替换；当绘制的颜色比50%的灰色暗时，比绘制色亮的像素则被替换，但比绘制色暗的像素不被替换。

🔵 【实色混合】模式：选择此选项，将混合颜色的红色、绿色和蓝色通道数值添加到底色的RGB值。如果通道计算的结果总和大于或等于255，则值为255；如果小于255，则值为0。

🔵 【差值】模式：选择此选项，系统将用图像画面中较亮的像素值减去较暗的像素值，其差值作为最终的像素值。当与白色混合时将使底色相反，而与黑色混合则不产生任何变化。

🔵 【排除】模式：选择此选项，可生成与【正常】选项相似的效果，但比差值模式生成的颜色对比度要小，因而颜色较柔和。

🔵 【减去】模式：选择此选项，系统从目标通道中相应的像素上减去源通道中的像素值。

🔵 【划分】模式：选择此选项，系统将比较每个通道中的颜色信息，然后从底层图像中划分上层图像。

【色相】模式：选择此选项，系统将采用底色的亮度与饱和度，以及绘制色的色相来创建最终颜色。

 【饱和度】模式：选择此选项，系统将采用底色的亮度和色相，以及绘制色的饱和度来创建最终颜色。

 【颜色】模式：选择此选项，系统将采用底色的亮度以及绘制色的色相、饱和度来创建最终颜色。

 【明度】模式：选择此选项，系统将采用底色的色相、饱和度以及绘制色的明度来创建最终颜色。此选项的实现效果与【颜色】选项相反。

　　混合模式只能在两个图层图像之间产生作用；【背景】图层上的图像不能设置混合模式。如果想为【背景】图层设置混合效果，必须先将其转换为普通图层后再进行设置。

第9章

风景照片的美化和增色

本章主要介绍风景照片的拼合，光影的处理，以及添加特效来强化画面的气氛和意境等内容，让普通的风景照片变得更加生动有趣。

对应光盘视频

9.1 拼合风景照片

在Photoshop应用程序中，可以使用【自动对齐图层】命令、Photomerge命令和【自动混合图层】命令将多幅照片进行拼接。

9.1.1 自动对齐图层

【自动对齐图层】命令可以根据不同图层中的相似内容自动匹配，并自行叠加。要自动对齐图像，首先将要对齐的图像置入到同一文档中。在【图层】面板中选择要对齐的图像后，再选择【编辑】|【自动对齐图层】命令。

【例9-1】使用【自动对齐图层】命令制作全景图。
（视频+素材）(光盘素材\第09章\例9-1)

01 在Photoshop中，选择菜单栏中的【文件】|【打开】命令，选择打开多幅照片图像。

02 在3.jpg图像文件中，右击【图层】面板中的【背景】图层，在弹出的菜单中选择【复制图层】命令。在打开的【复制图层】对话框的【文档】下拉列表中选择1.jpg，然后单击【确定】按钮。

03 选中2.jpg图像文件，右击【图层】面板中的【背景】图层，在弹出的菜单中选择【复制图层】命令。在打开的【复制图层】对话框的【文档】下拉列表中选择1.jpg，然后单击【确定】按钮。

04 选中1.jpg图像文件，在【图层】面板中，按Alt键的同时双击【背景】图层，将其转换为【图层0】图层，然后选中3个图层。

05 选择【编辑】|【自动对齐图层】命令，在打开的【自动对齐图层】对话框中，选择【拼贴】单选按钮，然后单击【确定】按钮。

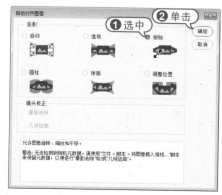

9.1.2 自动混合图像

当通过匹配或组合图像以创建拼贴图像时，源图像之间的曝光差异可能会导致在组合图像过程中出现接缝或不一致的现象。使用【自动混合图像】命令可以在最终图像中生成平滑过渡的效果。Photoshop将根据需要对每个图层应用图层蒙版，以遮盖过渡曝光或曝光不足的区域或内容差异并创建无缝混合。

【例9-2】使用【自动混合图层】命令混合图像。

视频+素材 (光盘素材\第09章\例9-2)

01 在Photoshop中，选择菜单栏中的【文件】|【打开】命令，选择打开多幅照片图像。

02 在3.jpg图像文件中，右击【图层】面板中的【背景】图层，在弹出的菜单中选择【复制图层】命令。在打开的【复制图层】对话框的【文档】下拉列表中选择1.jpg，然后单击【确定】按钮。

03 选中2.jpg图像文件，右击【图层】面板中的【背景】图层，在弹出的菜单中选择【复制图层】命令。在打开的【复制图层】对话框的【文档】下拉列表中选择

1.jpg，然后单击【确定】按钮。

04 选中1.jpg图像文件，在【图层】面板中，按Alt键双击【背景】图层，将其转换为【图层0】图层，然后选中3个图层。

05 选择【编辑】|【自动对齐图层】命令，在打开的【自动对齐图层】对话框中，选择【拼贴】单选按钮，然后单击【确定】按钮。

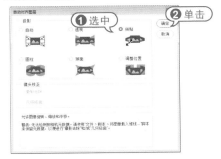

06 选择【编辑】|【自动混合图层】命

令，打开【自动混合图层】对话框。在对话框中选中【堆叠图像】单选按钮，然后单击【确定】按钮。

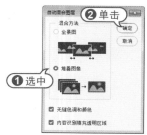

07 选择【裁剪】工具，在图像画面中裁剪多余区域。

9.1.3 使用Photomerge命令

使用Photomerge命令可以将多幅照片组合成一个连续的全景图像。

【例9-3】使用Photomerge命令制作全景图像。

▶视频+素材▶(光盘素材\第09章\例9-3)

01 在Photoshop中，选择菜单栏中的【文件】|【自动】|Photomerge命令，打开Photomerge对话框。

02 在Photomerge对话框中，单击【浏览】按钮，打开【打开】对话框。在【打开】对话框中选择需要拼合的照片图像，然后单击【确定】按钮。

03 单击Photomerge对话框中的【确定】按钮拼合图像。

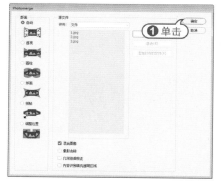

04 选择【裁剪】工具，在图像画面中裁剪多余区域。

9.1.4 合成HDR图像

HDR图像是通过合成多幅以不同曝光度拍摄的同一场景创建的高动态范围图片，主要用于影片、特殊效果、3D作品及某些高端图片。由于可以在HDR图像中按比例表示和存储真实场景中所有的明亮度值，因此，调整HDR图像的曝光度方式与真实环境中拍摄场景时调整曝光度方法类似。利用此功能，可以产生有真实感的模糊及其他真实的光照效果。

【例9-4】合成HDR图像。
● 视频+素材 (光盘素材\第09章\例9-4)

01 在Photoshop中，选择菜单栏中的【文件】|【自动】|【合并到HDR Pro】命令，打开【合并到HDR Pro】对话框。

02 单击【浏览】按钮。打开【打开】对话框，选中需要合成的图像文件，单击【打开】按钮。

03 单击【合并到HDR Pro】对话框中的【确定】按钮，打开【手动设置曝光值】对话框。

04 选中EV单选按钮，设置第1张图像的曝光值为0.8。

05 单击向右按钮，设置第2张图像的曝光值为0。

知识点滴

如果HDR图像的动态范围超出了标准电脑显示器的显示范围，在Photoshop中打开HDR图像时，可能会非常暗或出现褪色的现象，选择【视图】|【32位预览选项】命令，可以对HDR图像的预览进行调整，使显示器显示的HDR图像的高光和阴影不会出现以上问题。

06 单击向右按钮，设置第3张图像的曝光值为-0.4，然后单击【确定】按钮。

07 打开【合并到HDR Pro】对话框，在【色调和细节】选项组中，设置【灰度系数】为1.23，【细节】为20%。在【高级】选项卡中，设置【阴影】为-5%，【自然饱和度】为85%，【饱和度】为-5%。设置完成后，单击【确定】按钮，即可自动合成HDR图像。

9.2 修复风景照片光影效果

对于一般的风景照片，可以通过后期处理增加照片中的光影效果，增强图像画面的空间感。

9.2.1 增加画面空间感

增强数码照片的画面空间感，可以通过设置图层的混合模式使暗部更暗，亮部更亮来提高画面对比度。

【例9-5】增强画面空间感。
视频+素材 (光盘素材\第09章\例9-5)

01 在Photoshop中，选择菜单栏中的【文件】|【打开】命令，选择打开一幅照片图像。

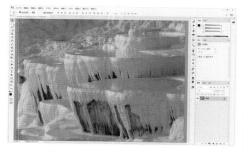

02 在【通道】面板中，按Ctrl键单击RGB通道，载入选区。

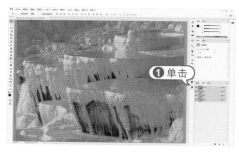

03 在【图层】面板中，按Ctrl+J键复制选区图像，创建【图层1】，并设置图层混合模式为【叠加】。

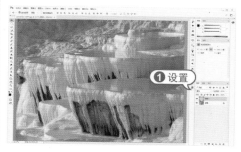

04 返回【通道】面板，按住Ctrl键单击【红】通道，载入选区。

05 返回【图层】面板，按Ctrl+J键复制选区图像，创建【图层2】，并设置图层的混合模式为【滤色】，【不透明度】为50%。

06 返回【通道】面板，按住Ctrl键单击【绿】通道，载入选区。

07 返回【图层】面板，按Ctrl+J键复制选区图像，创建【图层3】，并设置图层的混合模式为【亮光】，【不透明度】为70%。

08 返回【通道】面板，按住Ctrl键单击【蓝】通道，载入选区。

09 返回【图层】面板，按Ctrl+J键复制选区图像，创建【图层4】，并设置图层的混合模式为【叠加】。

9.2.2 修复偏暗的照片

对于曝光不足而偏暗的照片，可以通过对图层混合模式进行设置，再使用调整命令提高照片的整体亮度，让照片展现出原有的光彩。

【例9-6】修复偏暗的照片。
视频+素材 (光盘素材\第09章\例9-6)

01 在Photoshop中，选择菜单栏中的【文件】|【打开】命令，选择打开一幅照片图像。

02 在【通道】面板中，按Ctrl键单击【红】通道缩览图，载入选区。

03 按Shift+Ctrl+I键反选选区,在【调整】面板中,单击【创建新的色阶调整图层】图标,打开【属性】面板。在【属性】面板中,设置【输入色阶】数值为0、1.80、213。

04 在【属性】面板中,选择【蓝】通道选项,设置【输入色阶】数值为7、1.38、234。

05 在【通道】面板中,按Ctrl键单击【绿】通道缩览图,载入选区。

06 在【通道】面板中,选中RGB通道,按Shift+Ctrl+I键反选选区。在【调整】面板中,单击【创建新的色阶调整图层】图标,打开【属性】面板。在【属性】面板中,设置【输入色阶】数值为0、0.72、191。

07 在【属性】面板中,选择【蓝】通道选项,设置【输入色阶】数值为0、0.87、255。

08 在【通道】面板中,选中RGB通道,并按Ctrl键单击RGB通道缩览图,载入选区。

09 在【调整】面板中,单击【创建新的曝光度调整图层】图标,打开【属性】面板。在【属性】面板中，设置【曝光度】数值为0.39，【灰度系数校正】数值为0.58。

10 按Shift+Ctrl+Alt+E键盖印图层，生成【图层1】图层。选择【滤镜】|【锐化】|【USM锐化】命令，打开【USM锐化】对话框。在对话框中，设置【数量】数值为130%，【半径】数值为3.5像素，然后单击【确定】按钮。

9.2.3 消除雾霾让照片更通透

曝光过度的照片会削弱画面的对比度，让画面显得灰蒙蒙而没有层次感，不能突显出照片的主体。可通过提高其对比度，利用曝光度校正照片的灰度等方法，去除照片雾霾效果。

【例9-7】消除图像雾霾效果。
🔘视频+素材 (光盘素材\第09章\例9-7)

01 在Photoshop中，选择菜单栏中的【文件】|【打开】命令，选择打开一幅照片图像，并按Ctrl+J键复制【背景】图层。

02 选择【滤镜】|【Camera Raw滤镜】命令，打开【Camera Raw】对话框。在对话框的【基本】面板中，设置【色温】数值为-17，【色调】数值为-5，【曝光】数值为-0.20，【对比度】数值为18，【高光】数值为-100，【阴影】数值为-15，【黑色】数值为-35，【清晰度】数值为30。

03 在对话框中，单击【效果】面板标签，打开【效果】面板，并设置【去除薄雾】的【数量】数值为10。

04 在对话框中，单击【HSL/灰度】面板标签，打开【HSL/灰度】面板，并单击面板中的【饱和度】选项。设置【红色】数值为-28，【橙色】数值为6，【黄色】数值为-8，【绿色】数值为32，【蓝色】

数值为40，【紫色】数值为-55，然后单击【确定】按钮关闭【Camera Raw】对话框。

05 选择【滤镜】|【锐化】|【智能锐化】命令，打开【智能锐化】对话框。在对话框中的【移去】下拉列表中选择【镜头模糊】选项，设置【数量】数值为200%，【减少杂色】数值为20%，然后单击【确定】按钮。

9.3 风景照片特效处理

在编辑处理风景照片的过程中，使用Photoshop中的滤镜命令、调整命令以及图层混合模式可以为画面添加各种特殊效果，增强画面氛围。

9.3.1 添加透射光效果

在阳光下拍摄自然风光会使拍摄的照片更具生气，但一般的数码相机很难捕捉到阳光洒落的效果。通过Photoshop中的滤镜可以添加光线照射的效果。

【例9-8】添加透射光效果。
视频+素材 (光盘素材\第09章\例9-8)

01 在Photoshop中，选择菜单栏中的【文件】|【打开】命令，选择打开一幅照片图像，按Ctrl+J键复制【背景】图层。

02 打开【通道】面板，按Ctrl键单击【绿】通道缩览图，载入选区，并按Ctrl+C键复制选区内的图像。

03 在【图层】面板中，单击【创建新图层】按钮，新建【图层2】图层。按Ctrl+V键，将【绿】通道图像粘贴于【图层2】图层中。

04 选择【滤镜】|【模糊】|【径向模糊】命令，打开【径向模糊】对话框。选中【缩放】单选按钮，在【中心模糊】区域中单击设置缩放中心点，设置【数量】为80，然后单击【确定】按钮。

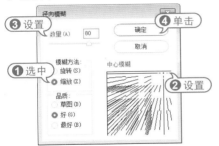

05 在【图层】面板中，设置【图层2】图层的混合模式为【变亮】。

06 按Ctrl键单击【图层2】缩览图，载入选区。单击【创建新图层】按钮，新建【图层3】图层，并按Ctrl+Delete键将选区填充为白色。

07 按Ctrl+D键取消选区，关闭【图层3】图层视图，选择【图层2】图层，单击【添加图层蒙版】按钮添加图层蒙版。选择【画笔】工具，在控制面板中设置柔角画笔，【不透明度】为50%，然后使用【画笔】工具在图层蒙版中涂抹。

08 打开【图层3】视图，设置图层混合模式为【柔光】。

09 按Shift+Ctrl+Alt+E键盖印图层，选择【滤镜】|【渲染】|【镜头光晕】命令，打开【镜头光晕】对话框。在对话框中，选择【电影镜头】单选按钮，设置【亮度】为110%，并设置中心点位置，然后单击【确定】按钮。

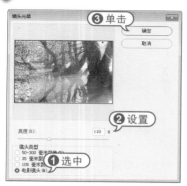

10 选择【编辑】|【渐隐镜头光晕】命令，打开【渐隐】对话框。在对话框中，设置【不透明度】为80%，然后单击【确定】按钮。

11 在【调整】图层中，单击【创建新的亮度/对比度调整图层】图标。在展开的【属性】面板中，设置【亮度】为-5，【对比度】为40。

9.3.2 添加晚霞效果

在Photoshop中，可以通过拼合功能为图像添加晚霞效果。

【例9-9】添加晚霞效果。
视频+素材 (光盘素材\第09章\例9-9)

01 在Photoshop中，选择菜单栏中的【文件】|【打开】命令，选择打开一幅照片图像。

02 选择【矩形选框】工具，沿水平线框选天空部分，创建选区。

03 选择【文件】|【打开】命令，打开另一幅晚霞素材照片。按Ctrl+A键全选图像，并按Ctrl+C键复制图像。

04 再次选中风景照片，选择【编辑】|【选择性粘贴】|【贴入】命令，贴入图像，并按Ctrl+T键，应用【自由变换】命令

调整图像的大小及位置。

05 按Ctrl键单击【图层1】图层蒙版缩览图载入选区，并按Shift+Ctrl+I键反选选区。选择【编辑】|【选择性粘贴】|【贴入】命令，接着选择【编辑】|【变换】|【垂直翻转】命令，然后按Ctrl+T键应用【自由变换】命令调整图像的大小及位置。

06 在【图层】面板中，设置【图层2】图层的混合模式为【正片叠底】，【不透明度】为70%。

07 在【图层】面板中，选中【图层2】图层蒙版缩览图，选择【画笔】工具，在控制面板中选择柔边画笔样式，设置【不透明度】为20%，然后在图像中涂抹不需要被覆盖的部分。

08 在【图层】面板中，选中【图层1】图层蒙版缩览图，将前景色设置为白色，使用【画笔】工具在蒙版边缘涂抹。

09 在【图层】面板中，单击【创建新图层】按钮，新建【图层3】图层，并将其放置在顶层。在【颜色】面板中，设置R:233、G:102、B:76，在控制面板中设置【画笔】工具的【不透明度】为10%。然后使用【画笔】工具在桥面涂抹。

10 在【图层】面板中，设置【图层3】图层的混合模式为【饱和度】。

9.3.3 添加飞雪效果

雪后拍摄的照片，似乎缺少了下雪的意境，显得有些单调。使用Photoshop可以为照片添加雪花飘舞的效果。

【例9-10】为照片画面添加飞雪效果。
▶视频+素材，(光盘素材\第09章\例9-10)

01 在Photoshop中，选择【文件】|【打开】命令，选择打开一幅照片图像。

02 在【调整】面板中，单击【创建新的色彩平衡调整图层】图标。在展开的【属性】面板中，设置中间值的色阶数值为-7、20、55。

03 在【属性】面板的【色调】下拉列表中选择【阴影】选项，设置阴影的色阶数值为0、0、15。

04 在【图层】面板中，单击【创建新图层】按钮，新建【图层1】图层，并按Alt+Delete键使用前景色填充图层。

05 选择【画笔】工具，按F5键打开【画笔】面板。在【画笔笔尖形状】选项中选择一种柔角画笔样式，设置【直径】为40像素，【角度】为10度，【硬度】为20%，【间距】为150%。

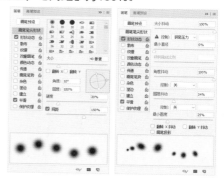

06 选中【形状动态】选项，设置【大小抖动】为100%，【角度抖动】为100%，

【圆度抖动】为34%。

07 选中【散布】选项，设置【散布】为800%。按X键切换前景色和背景色，使用【画笔】工具在【图层1】黑色背景上拖动制作雪花效果。

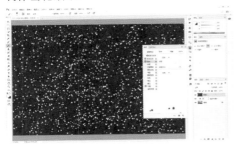

08 选择【滤镜】|【杂色】|【添加杂色】命令，在打开的【添加杂色】对话框中设置【数量】为8%，选中【平均分布】单选按钮，单击【确定】按钮。

09 选择【滤镜】|【模糊】|【动感模糊】命令，打开【动感模糊】对话框。在对话框中，设置【角度】为65度，【距离】为30像素，单击【确定】按钮。

10 在【图层】面板中，设置【图层1】图层的混合模式为【滤色】，【不透明度】为85%。

11 在【图层】面板中，单击【添加图层蒙版】按钮。在【画笔】工具控制面板中设置画笔大小为300像素，【不透明度】为20%。然后使用【画笔】工具在图像中涂抹调整雪花效果。

12 按Ctrl+J键复制【图层1】图层，生成【图层1拷贝】图层。设置【图层1拷贝】图层的混合模式为【叠加】，【不透明度】为20%。

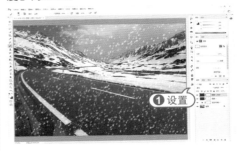

13 选择【滤镜】|【模糊】|【动感模糊】命令，打开【动感模糊】对话框。在对话框中，设置【角度】为45度，【距离】为

75像素，单击【确定】按钮。

9.3.4 添加雨天效果

现实生活中，无法决定拍摄照片时的天气状况。但使用Photoshop可以轻松实现天气转变，如在照片中添加下雨的效果。

【例9-11】为照片画面添加雨天效果。
视频+素材 (光盘素材\第09章\例9-11)

01 在Photoshop中，选择【文件】|【打开】命令，选择打开一幅照片图像，按Ctrl+J键复制【背景】图层。

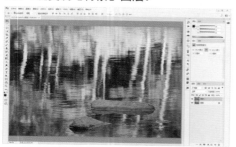

02 在【图层】面板中，右击【图层1】图层，在弹出的菜单中选择【转换为智能对象】命令，然后选择【滤镜】|【滤镜库】命令，打开【滤镜库】对话框。在对话框中，选中【艺术效果】滤镜组中的【干画笔】滤镜，设置【画笔大小】数值为2，【画笔细节】数值为8，【纹理】数值为1。

03 在【滤镜库】对话框中，单击【新建效果图层】按钮，选择【扭曲】滤镜组中的【海洋波纹】滤镜。设置【波纹大小】为1，【波纹幅度】为4，然后单击【确定】按钮。

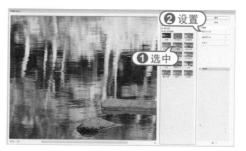

04 在【图层】面板中，单击【创建新图层】按钮新建【图层2】图层。按Alt+Delete键，对【图层2】图层进行填充。

05 选择【滤镜】|【杂色】|【添加杂色】命令，打开【添加杂色】对话框。在对话框中，设置【数量】为20%，选中【高斯分布】单选按钮，单击【确定】按钮。

06 选择【图像】|【调整】|【阈值】命令，打开【阈值】对话框。在对话框中，设置【阈值色阶】数值为80，然后单击【确定】按钮。

[07] 选择【滤镜】|【模糊】|【动感模糊】命令，打开【动感模糊】对话框。在对话框中，设置【角度】为78度，【距离】为100像素，单击【确定】按钮。

[08] 在【图层】面板中，将【图层2】的图层混合模式设置为【滤色】。选择【图像】|【调整】|【色阶】命令，打开【色阶】对话框。在对话框中，设置输入色阶数值为2、1.00、29，然后单击【确定】按钮。

[09] 选择【滤镜】|【锐化】|【USM锐化】命令，打开【USM锐化】对话框。在对话框中，设置【数量】为150%，【半径】为5像素，【阈值】为0色阶，然后单击【确定】按钮。

[10] 在【图层】面板中，单击【添加图层蒙版】按钮。选择【画笔】工具，在控制面板中设置柔边画笔样式，【不透明度】为20%。然后使用【画笔】工具，在图像中调整下雨效果。

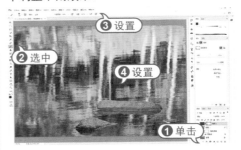

[11] 按Ctrl+J键复制【图层2】图层，生成【图层2拷贝】图层。选中【图层2拷贝】图层蒙版缩览图，在控制面板中设置【画笔】工具的【不透明度】为40%，然后使用【画笔】工具在图像中调整下雨效果。

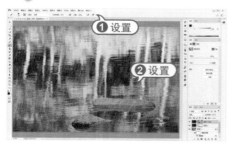

层的【混合模式】设置为【滤色】，并单击【图层】面板中的【添加图层蒙版】按钮，为【图层1】图层添加蒙版。

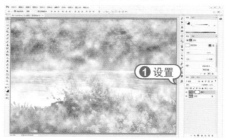

9.3.5 添加薄雾效果

雾天不是经常能遇到的天气状况，但利用Photoshop可以轻松做出雾天效果。

【例9-12】为照片画面添加薄雾效果。

视频+素材 (光盘素材\第09章\例9-12)

01 在Photoshop中，选择【文件】|【打开】命令，选择打开一幅照片图像，按Ctrl+J键复制【背景】图层。

02 选择菜单栏中的【滤镜】|【渲染】|【云彩】命令。

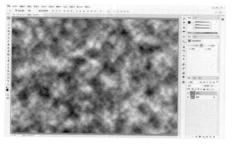

03 在【图层】面板中，将【图层1】图

04 选择【画笔】工具，在控制面板中设置画笔为柔边画笔样式，【不透明度】为20%。然后使用【画笔】工具在图像中涂抹，使雾看起来更加自然一些。

05 在【图层】面板中，选中【背景】图层。在【调整】面板中，单击【创建新的色阶调整图层】图标。在展开的【属性】面板中，设置RGB通道输入色阶数值为21、1.00、255。

06 在【属性】面板中选择【绿】通道，设置绿通道输入色阶数值为27、1.05、255。

07 在【属性】面板中选择【蓝】通道，设置蓝通道输入色阶数值为34、1.64、255。

9.3.6 添加闪电效果

闪电不仅是难得一见的景象，而且瞬息万变，难以捕捉。利用Photoshop可以为图像画面添加闪电效果。

【例9-13】添加闪电效果。
📀视频+素材 (光盘素材\第09章\例9-13)

01 在Photoshop中，选择【文件】|【打开】命令，选择打开一幅照片图像，按Ctrl+J键复制【背景】图层。

02 选择【滤镜】|【Camera Raw滤镜】

命令，打开【Camera Raw】对话框。在对话框的【基本】面板中，设置【色温】数值为-35，【曝光】数值为0.35，【高光】数值为-23，【阴影】数值为100，【黑色】数值为60，然后单击【确定】按钮。

03 选择【文件】|【置入嵌入的智能对象】命令，打开【置入嵌入对象】对话框。在对话框中，选择所需的图像文件，然后单击【置入】按钮。

04 在窗口中，调整置入图像的大小及位置，并按Enter键应用置入。

05 双击置入的图像图层，打开【图层样式】对话框。按住Alt键单击【混合选项】

中【本图层】滑竿上黑色滑块的右侧滑块，将其拖动至靠近白色滑块处。

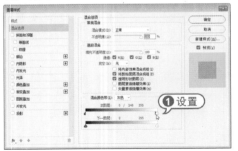

06 按住Alt键单击【混合选项】中【本图层】滑竿上黑色滑块的左侧滑块，将其拖动至数值75处，然后单击【确定】按钮关闭【图层样式】对话框。

07 按Ctrl+T键应用【自由变换】命令，调整闪电的位置及大小。

08 在【图层】面板中，单击【添加图层蒙版】按钮添加图层蒙版。选择【画笔】工具，在控制面板中设置柔边圆画笔样式，设置【不透明度】数值为50%，然后使用【画笔】工具调整闪电效果。

9.3.7 变换季节色彩

在拍摄风景照片时，常因天气和拍摄时间等多方面因素的限制无法达到理想效果。通过Photoshop可以改变风景照片的季节效果。

【例9-14】变换照片画面中的 季节色彩。
视频+素材 (光盘素材\第09章\例9-14)

01 在Photoshop中，选择【文件】|【打开】命令，选择打开一幅照片图像。

02 在【调整】面板中，单击【创建新的通道混合器调整图层】图标，打开【属性】面板。在【属性】面板中，设置【红】输出通道的【红色】数值为70%，【绿色】数值为200%，【蓝色】数值为-200%，【常数】数值为-4%。

03 在【输出通道】下拉列表中选择【蓝】选项，设置【绿色】数值为4%，【蓝色】数值为120%。

04 在【调整】面板中，单击【创建新的黑白调整图层】图标，打开【属性】面板。设置【黑白1】图层的混合模式为【滤色】。

05 在【属性】面板中，设置【红色】数值为82、【黄色】数值为108、【青色】数值为43、【蓝色】数值为-83、【洋红】数值为33。

06 在【调整】面板中，单击【创建新的

色相/饱和度调整图层】图标，打开【属性】面板。在【属性】面板中，设置【饱和度】数值为-12。

07 按Shift+Ctrl+Alt+E键盖印图层，生成【图层1】。在【调整】面板中，单击【创建新的可选颜色调整图层】图标，打开【属性】面板。在【属性】面板中，设置【红色】颜色的【青色】数值为-100%，【洋红】数值为-44%，【黄色】和【黑色】数值为100%。

08 在【颜色】下拉列表中选择【白色】选项，设置【黑色】数值为100%。

09 在【调整】面板中，单击【创建新的渐变映射调整图层】图标。设置图层混合模式为【正片叠底】，【填充】数值为35%。

03 在控制面板中，单击【确定】按钮关闭【移轴模糊】工作区。在【调整】面板中，单击【创建新的曲线调整图层】图标。在展开的【属性】面板中，调整RGB通道的曲线形状。

9.3.8 处理镜头移轴效果

使用Photoshop中的【移轴模糊】命令，可以制作出移轴摄影的效果。

【例9-15】制作微缩景观。
🎬 视频+素材 (光盘素材\第09章\例9-15)

01 在Photoshop中，选择【文件】|【打开】命令，打开素材图像，按Ctrl+J键复制【背景】图层。

04 在【属性】面板中，选中【蓝】通道，并调整蓝通道的曲线形状。

9.3.9 制作小景深效果

小景深照片最突出的特点是能够使环境虚糊、主体清楚，这是突出主体的有效方法之一。景深越小，这种环境虚糊也就越强烈，主体也就更突出。

02 选择【滤镜】|【模糊画廊】|【移轴模糊】命令，打开【移轴模糊】工作区。在【模糊工具】面板中，设置【模糊】为15像素，并在图像中调整模糊控制框。

【例9-16】制作小景深效果。
🎬 视频+素材 (光盘素材\第09章\例9-16)

01 在Photoshop中，打开素材图像，按Ctrl+J键复制【背景】图层。

02 选择【滤镜】|【模糊画廊】|【光圈模糊】命令。在显示设置选项中，设置【模糊】为8像素，并调整控制框范围，然后在控制面板中单击【确定】按钮。

03 选择【历史记录画笔】工具，在控制面板中设置柔边画笔样式，【不透明度】为30%。然后使用【画笔】工具调整画面模糊的自然感。

9.3.10 制作星光效果

在使用点光源拍摄的数码照片时，可以利用Photoshop中的【动感模糊】命令制作星光效果。

【例9-17】制作星光效果。
视频+素材 (光盘素材\第09章\例9-17)

01 在Photoshop中，打开素材图像，按

Ctrl+J键两次复制【背景】图层。

02 选择【滤镜】|【模糊】|【动感模糊】命令，打开【动感模糊】对话框。在对话框中，设置【角度】为45度，【距离】为60像素，然后单击【确定】按钮，并设置【图层1拷贝】图层的混合模式为【变亮】。

03 在【图层】面板中，选中【图层1】图层。选择【滤镜】|【模糊】|【动感模糊】命令，打开【动感模糊】对话框。在对话框中，设置【角度】为-45度，然后单击【确定】按钮，并设置【图层1】图层的混合模式为【变亮】。

04 在【图层】面板中，按Ctrl键选中【图层1】图层和【图层1拷贝】图层，并按

Ctrl+E键合并图层，设置合并后图层的混合模式为【变亮】。

05 选择【滤镜】|【锐化】|【USM锐化】命令，打开【USM锐化】对话框。在对话框中，设置【数量】为150%，【半径】为5像素，然后单击【确定】按钮。

9.3.11 添加倒影效果

在拍摄的照片中，倒影与景物相映成趣，会为照片增色不少。在Photoshop中，可以通过变换图像，结合滤镜添加逼真的倒影效果。

【例9-18】添加倒影效果。
视频+素材 (光盘素材\第09章\例9-18)

01 在Photoshop中，选择【文件】|【打开】命令，打开素材图像，按Ctrl+J键复制【背景】图层。

02 选择【图像】|【画布大小】命令，打开【画布大小】对话框。在对话框中，选中【相对】复选框，设置【高度】为8厘米，在【定位】设置区中，单击上部中央位置，然后单击【确定】按钮。

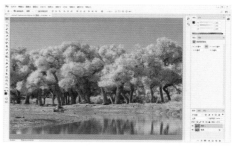

03 选择【编辑】|【变换】|【垂直翻转】命令，翻转【图层1】图层图像内容，并使用【移动】工具将其拖动至画面下部。

04 在【图层】面板中，单击【添加图层蒙版】按钮。选择【画笔】工具，在控制面板中设置画笔样式为100像素柔边圆，【不透明度】数值为40%，然后使用【画笔】工具调整图层蒙版效果。

05 单击【创建新图层】按钮，新建【图层2】图层，并按Ctrl+Delete键填充白色。选择【滤镜】|【滤镜库】命令，打开【滤镜库】对话框。在对话框中选中【素描】滤镜组中的【半调图案】滤镜，在【图案类型】下拉列表中选择【直线】选项，设置【大小】为10，【对比度】为50，然后

单击【确定】按钮。

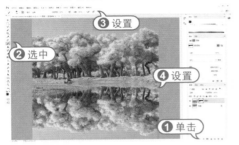

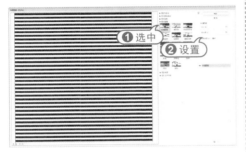

06 选择【滤镜】|【模糊】|【高斯模糊】命令，打开【高斯模糊】对话框。在对话框中，设置【半径】为7像素，单击【确定】按钮。

07 右击【图层2】图层，在弹出的菜单中选择【复制图层】命令，打开【复制图层】对话框。在对话框的【文档】下拉列表中选择【新建】选项，在【名称】文本框中输入"置换"，单击【确定】按钮。

08 选择【文件】|【存储为】命令，打开【另存为】对话框。将"置换"文档存储为PSD格式。

09 返回正在编辑的图像文件，关闭【图层2】图层视图，选中【图层1】图层，并按Alt+Shift+Ctrl+E键盖印图层，生成【图层3】图层。

10 选择【滤镜】|【扭曲】|【置换】命令，打开【置换】对话框。在对话框中，设置【水平比例】为4，【垂直比例】为0，然后单击【确定】按钮。

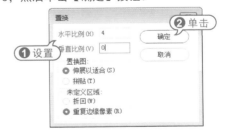

11 在打开的【选择一个置换图】对话框中，选中"置换"文档，然后单击【打开】按钮。

12 选择【矩形选框】工具，框选图像上半部，然后按Delete键删除选区内的图像。

13 按Ctrl+D键取消选区,按Ctrl+J键生成【图层3拷贝】图层,选择【滤镜】|【滤镜库】命令,打开【滤镜库】对话框。在对话框中,选择【扭曲】滤镜组中的【海洋波纹】滤镜,设置【波纹大小】为3,【波纹幅度】为5,然后单击【确定】按钮。

16 在【图层】面板中,选中【图层3拷贝】图层,并按Ctrl键单击图层缩览图,载入选区。

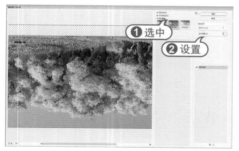

17 在【调整】面板中,单击【创建新的曝光度调整图层】图标,打开【属性】面板。在【属性】面板中,设置【灰度系数校正】数值为1.50,提亮倒影效果。

14 在【图层】面板中,设置【图层3拷贝】图层的混合模式为【变亮】。

15 在【图层】面板中,选中【图层3】。选择【滤镜】|【模糊】|【动感模糊】命令,打开【动感模糊】对话框。在对话框中,设置【角度】数值为0度,【距离】数值为6像素,然后单击【确定】按钮。

9.4 进阶实战

本章的进阶实战部分通过调整风光照片画面效果的综合实例操作，使用户通过练习从而巩固本章所学知识。

【例9-19】制作色彩艳丽的照片效果。
📀视频+素材▶ (光盘素材\第09章\例9-19)

01 在Photoshop中，选择【文件】|【打开】命令，打开素材图像，按Ctrl+J键复制【背景】图层。

02 选择【滤镜】|【Camera Raw滤镜】命令，打开【Camera Raw】对话框。在对话框的工具栏中选择【变换】工具，在右侧面板中单击【水平：仅应用水平校正】按钮。

03 在对话框的工具栏中选择【缩放】工具，在右侧【基本】面板中设置【对比度】数值为15，【阴影】数值为100，【清晰度】数值为5，【自然饱和度】数值为-50，【饱和度】数值为20。

04 单击【细节】标签，打开【细节】面板。在【锐化】选项组中设置【数量】数值为110，【半径】数值为1.1，【细节】数值为60。

05 单击【HSL/灰度】标签，打开【HSL/灰度】面板。单击【饱和度】选项，设置【黄色】数值为100，【橙色】数值为20，然后单击【确定】按钮。

06 选择【多边形套索】工具，在控制面

板中设置【羽化】数值为1像素，然后根据天空创建选区。

07 选择【文件】|【打开】命令，打开素材图像，并按Ctrl+A键全选图像，按Ctrl+C键复制图像。

08 选择【编辑】|【选择性粘贴】|【贴入】命令贴入图像。并按Ctrl+T键应用【自由变换】命令调整图像的大小及位置。

09 按Ctrl+J键复制【图层2】，生成【图层2拷贝】。并按Shift键单击【图层2拷贝】蒙版，停用图层蒙版。

10 在【图层】面板中，设置【图层2拷贝】图层的混合模式为【叠加】，然后选择【编辑】|【变换】|【垂直翻转】命令翻转图像，并调整图像位置。

11 单击【图层2拷贝】蒙版，再次启用蒙版，并按Ctrl+Delete键填充蒙版。选择【画笔】工具，在控制面板中设置柔边圆画笔样式，【不透明度】数值为30%，然后使用【画笔】工具在蒙版中涂抹调整图像效果。

12 按Shift+Ctrl+Alt+E键盖印图层，生成【图层3】图层。选择【减淡】工具，在控制面板中设置中间调的【曝光度】数值为40%，然后涂抹水面。

13 在【调整】面板中，单击【创建新的曲线调整图层】图标，打开【属性】面板。在【属性】面板中，调整RGB通道的曲线形状。

14 在【属性】面板中，选中【蓝】通道，并调整蓝通道的曲线形状。

15 在【调整】面板中，单击【创建新的可选颜色调整面板】图标，打开【属性】面板。在【属性】面板的【颜色】下拉列表中选择【蓝色】选项，设置【青色】数值为100%，【洋红】数值为100%，【黄色】数值为30%，【黑色】数值为70%。

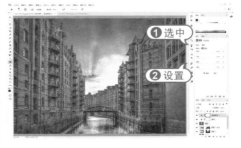

16 在【属性】面板的【颜色】下拉列表中选择【黄色】选项，设置【青色】数值为-50%，【洋红】数值为35%。

9.5 疑点解答

● 问：如何使用【模糊画廊】滤镜组？

答：【模糊画廊】滤镜组中的滤镜通过模仿各种相机拍摄效果模糊图像，创建景深效果。该滤镜组中包括【场景模糊】、【光圈模糊】、【倾斜偏移】、【路径模糊】和【旋转模糊】等滤镜。

【场景模糊】滤镜通过创建一个或多个模糊中心，可以使图像画面应用一致的模糊效果，或多种不同的模糊效果。选择【滤镜】|【模糊画廊】|【场景模糊】命令，可以打开【场景模糊】工作区。

● 【模糊】文本框：用于设置场景模糊强度。

● 【光源散景】文本框：用来调亮图像中焦点以外的区域或模糊区域。

● 【散景颜色】文本框：通过调整数值控制散景区域颜色的饱和程度，该值越高，散景色彩的饱和度越高。

- 【光照范围】文本框：用来确定当前设置影响的色调范围。

使用【光照模糊】滤镜可将一个或多个焦点添加到图像中，并可以通过拖动焦点位置控件，以改变焦点的大小与形状、图像其余部分的模糊数量以及清晰区域与模糊区域之间的过渡效果。

选择【滤镜】|【模糊画廊】|【光圈模糊】命令，可以打开【光圈模糊】工作区。在图像上单击拖动控制点可调整【光圈模糊】参数。

使用【移轴模糊】滤镜可以创建移轴拍摄效果。选择【滤镜】|【模糊画廊】|【移轴模糊】命令，可以打开【倾斜偏移】设置选项。在图像上单击可以定位图像中的最清晰点。定位点两侧的直线范围内是清晰区域，直线到虚线的范围内是清晰到模糊的过渡区域，虚线外是模糊区域。

- 【扭曲度】文本框：用于控制模糊扭曲的形状。
- 【对称扭曲】复选框：选中该项后，可以从两个方向应用扭曲。

【路径模糊】滤镜可以创建运动模糊的效果，还可以设置模糊的渐隐效果。选择【滤镜】|【模糊画廊】|【路径模糊】命令，可以打开【路径模糊】设置选项。

使用【旋转模糊】滤镜可以创建旋转模糊效果。选择【滤镜】|【模糊画廊】|【旋转模糊】命令，可以打开【旋转模糊】设置选项。

● 问：如何使用【历史记录画笔】工具？

答：【历史记录画笔】工具通过重新创建指定的源数据来绘制，从而恢复图像效果。使用【历史记录画笔】工具可以将图像恢复到某个历史状态下的效果，画笔涂抹过的图像会恢复到上一步的图像效果，而其中未被涂抹修改过的区域将保持不变。

● 问：如何定义图像的中间灰校正偏色的照片？

答：使用数码相机拍摄时，需要设置正确的白平衡才能使照片准确还原色彩，否则会导致颜色出现偏差。要校正偏色，可以先通过浅色或中性图像区域判断照片出现了怎样的色偏。使用【颜色取样器】工具在浅色区域单击，建立取样点，在弹出的【信息】面板中会显示取样的颜色值。如果R值高于其他值，说明图像偏红色；如果G值高于其他值，说明图像偏绿；如果B值高于其他两个颜色值，说明偏蓝。

单击【调整】面板中的【创建新的色阶调整图层】图标，在打开的【属性】面板中选中【设置灰场吸管】工具，将光标放在取样点上，单击鼠标，Photoshop会计算出单击点像素RGB的平均值，根据该值调整其他中间色调的平均亮度，从而校正色偏。

问：如何使用Photoshop外挂滤镜？

答：Photoshop提供了开放的平台，用户可以将第三方开发的滤镜以插件的形式安装在Photoshop中使用，这些滤镜称为"外挂滤镜"。外挂滤镜不仅可以轻松完成各种特殊效果，还能够创造出Photoshop内置滤镜无法实现的神奇效果，因而备受广大Photoshop爱好者的青睐。

外挂滤镜的安装方法与一般程序的安装方法基本相同，只是要注意应将其安装在Photoshop的Plug-ins目录下，否则将无法直接运行滤镜。有些小的外挂滤镜手动复制到Plug-ins文件夹中便可使用。安装完成后，重新运行Photoshop，在【滤镜】菜单的底部选择安装的外挂滤镜。

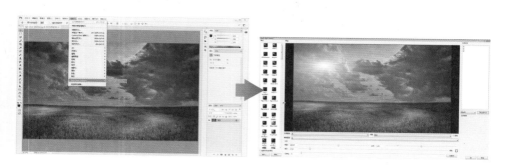

第10章

轻松编辑Raw格式的照片

Raw格式文件是直接由CCD或CMOS感光元件取得的原始图像信息，必须经过后期处理才能转换为通用的图像格式。用户可以将Raw格式照片在Photoshop中做进一步调整，以达到美化照片的效果。

对应光盘视频

10.1 熟悉Camera Raw界面

　　RAW格式的照片包含相机捕获的所有数据，如ISO设置、快门速度、光圈值、白平衡等。RAW格式是未经处理和压缩的格式，因此又被称为"数字底片"。【Camera Raw滤镜】命令专门用于处理Raw格式的图像，它可以解析相机的原始数据文件，对白平衡、色调范围、对比度、颜色饱和度、锐化进行调整。

　　选择【滤镜】|【Camera Raw滤镜】命令，打开Camera Raw对话框。在对话框中，可以调整图像的画质效果。该对话框中的各个选项具体作用如下。

🔵 Camera Raw工具按钮：提供了调整图像的快速工具，包括【缩放工具】按钮、【抓手工具】按钮、【白平衡工具】按钮、【颜色取样器工具】按钮、【目标调整工具】按钮、【污点去除】按钮、【红眼去除】按钮、【调整画笔】按钮、【渐变滤镜】按钮、【径向滤镜】按钮。使用这些工具按钮可为用户节约工作时间，提高工作效率。

🔵 预览区：用于查看数码照片的效果。

🔵 选择缩放级别：用于设置图像视图的缩放比例。单击回按钮将缩小显示比例，单击回按钮将放大显示比例，单击【选择缩放比例】旁的三角按钮，在弹出的下拉列表中可选择预设的大小比例。

🔵 色彩直方图：可以查看数码照片直方图的参数。单击左上角的【阴影修剪警告】按钮，则在预览区中显示数码照片阴影部分过度欠曝的图像内容；单击右上角的【高光修

剪警告】按钮，则在预览区中显示数码照片高光部分过度欠曝的图像内容。

🔵 【基本】标签：单击此标签可以切换到【基本】面板，在该面板中可以设置数码照片的白平衡、色温、色调曝光、填充亮度、对比度、清晰度、饱和度等参数。

🔵 【色调曲线】标签：单击【色调曲线】标签可切换到【色调曲线】面板。在该面板中可以通过设置曲线形状调整数码照片的高光、亮调、暗调和阴影部分图像效果。

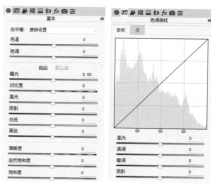

🔵 【细节】标签：单击此按钮可以切换到【细节】面板，在该面板中可以设置数码照片的锐化以减少杂色。

🔵 【HSL/灰度】标签：单击此标签可切换到【HSL/灰度】面板，在该面板中，可以设置数码照片的色相、饱和度和明亮度，也可将彩色数码照片快速转换为灰度。

🔵 【分离色调】标签：单击此标签可切换到【分离色调】面板，在该面板中可设置数码照片的高光和阴影部分的色相与饱和度。

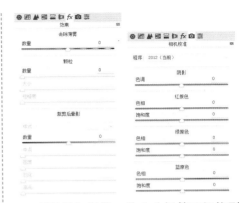

【镜头校正】标签：单击此标签可切换到【镜头校正】面板，在该面板中可以通过参数设置调整数码照片的色差、晕影等。

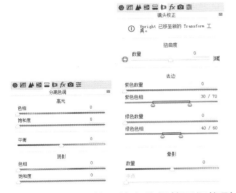

【效果】标签：单击此标签可切换到【效果】面板，在该面板中可以设置数码照片的粗糙度和裁剪后的晕影效果。

【相机校准】标签：单击此标签可切换到【相机校准】面板，在该面板中可通过设置相机的配置文件调整数码照片的色调和影调。

【预设】标签：单击此标签可切换到【预设】面板，在该面板中单击【新建预设】按钮，即可打开【新建预设】对话框，在对话框中可选择和设置预设效果。

10.2　在Camera Raw中打开图像

要在Camera Raw对话框中打开Raw格式的照片文件，可以选择Photoshop中的命令或使用Adobe Bridge应用程序。

在Photoshop中打开Raw格式的照片后，选择【滤镜】|【Camera Raw滤镜】命令，即可在Camera Raw对话框中打开照片。用户也可以在Adobe Bridge窗口中选中照片后，选择【文件】|【在Camera Raw中打开】命令。

【例10-1】在【Camera Raw】中打开图像

文件。

视频 (光盘素材\第10章\102-1)

01 在Photoshop CC 2017中，打开一幅照片图像。

02 选择【滤镜】|【Camera Raw滤镜】命令，即可在Camera Raw对话框中打开照片。

10.3 使用【Camera Raw】调整图像

在Camera Raw对话框中提供了数码照片的曝光度、对比度、高光、阴影、清晰度和饱和度等选项的设置，通过这些参数值的调整可快速调整数码照片的白平衡、影调、颜色等。

10.3.1 调整白平衡

白平衡就是在不同的光线条件下，调整红、绿、蓝三原色的比例，使其混合后成为白色，在透过镜片拍摄外界景物时，根据3种色光的组合而产生效果，用于确定拍摄后照片的色调与色温。

在用户调整数码照片的白平衡时，【基本】面板中的【白平衡】选项组中，各选项的相关参数与作用如下所示。

● 白平衡：用于快速设置照片的白平衡。单击【白平衡】旁的按钮，打开的下拉列表中包括9个选项，选择不同的选项，可应用不同的照片效果。

● 色温：通过调整【色温】选项可改变照片的整体颜色，增加照片的饱和度。向左拖动【色温】滑块，照片整体偏蓝；向右拖动【色温】滑块，照片整体偏黄。用户也可直接输入相应的参数值进行调整，参数值越小照片越蓝，参数值越大照片越黄。

● 色调：通过调整【色调】选项可以快速调整照片的色调。向左拖动【色调】滑块可增加照片中的绿色成分，向右拖动【色调】滑块可增加照片中的洋红色成分。该选项用于修正荧光灯或带光源的环境下所产生的色偏。

【例10-2】调整照片的白平衡。
视频+素材 (光盘素材\第10章\例10-2)

01 在Camera Raw对话框中，打开一幅图像文件。

02 在【基本】面板中，设置【白平衡】选项为【自定】，调整【色温】数值为-65，【色调】数值为-5。

①设置

03 设置完成后，单击【确定】按钮关闭Camera Raw对话框应用参数设置。

知识点滴

【基本】面板中的【白平衡】下拉列表中包括【原照设置】、【自动】、【日光】、【阴天】、【阴影】、【白炽灯】、【荧光灯】、【闪光灯】和【自定】9个选项，选择不同的选项可调整相应选项下的白平衡设置。如果打开的是JPEG格式的数码照片，该下拉列表中只有【原照设置】、【自动】和【自定】3个选项。选择【自动】选项，可以自动调整图像画面的白平衡效果。

10.3.2 调整曝光度

曝光度用于调整照片的整体亮度，当照片曝光过度时照片会变得很亮，当曝光不足时照片会变得很暗。使用Camera Raw中的【曝光】选项，可以快速调整照片的曝光度。向左拖动滑块或输入负参数可减小照片曝光，向右拖动滑块或输入正参数可增加照片曝光。按住Alt键拖动【曝光】滑块，将会显示照片中被剪切的部分。

用户还可以通过【基本】面板中的【对比度】、【高光】、【阴影】、【黑色】、【白色】选项快速调整照片的影调。它们的具体作用如下。

🌑 对比度：该选项用于设置数码照片的对比度。

🌑 高光：用于调整数码照片的高光区域曝光效果。

🌑 阴影：用于调整数码照片阴影区域的曝光效果。

🌑 黑色：用于压暗或提亮数码照片中的黑色像素。

🌑 白色：用于压暗或提亮数码照片中的白色像素。

【例10-3】调整照片的曝光度。

🔘 视频+素材 (光盘素材\第10章\例10-3)

01 在Camera Raw对话框中，打开一幅图像文件。

02 在【基本】面板中，设置【曝光】数值为1.45，【对比度】数值为20、【高光】数值为-100，【阴影】数值为50，【白色】数值为-20，【黑色】数值为-5。

知识点滴

单击【曝光】选项上方的【自动】选项，Camera Raw自动将色调控制值调整为该类型图像和相机型号的平均设置值。单击【默认值】选项，将显示默认的数码照片效果。

03 设置完成后，单击【确定】按钮，关闭Camera Raw对话框应用参数设置。

①设置

10.3.3 调整清晰度和饱和度

用户可通过设置【基本】面板中的【清晰度】、【自然饱和度】和【饱和度】选项调整数码照片的清晰度和饱和度。

其中，【清晰度】选项用于调整照片的清晰程度，常用于柔化人物的皮肤。【自然饱和度】选项用于调整数码照片的细节部分，向左拖动滑块或输入负值，则降低数码照片的饱和度，使照片产生类似单色效果。向右拖动滑块或输入正值，则加强数码照片细节部分的饱和度。【饱和度】选项用于进一步设置数码照片的色彩饱和度，应用后的效果比设置【自然饱和度】的效果更加强烈。

- ►

【例10-4】调整照片的清晰度和饱和度。
🔊视频+素材 (光盘素材\第10章\例10-4)

◄ -

01 在Camera Raw对话框中打开一幅图像文件。

02 在【基本】面板中，设置【曝光度】

数值为1，【清晰度】数值为50。

03 在【基本】面板中，设置【自然饱和度】数值为55，【白色】数值为12，【黑色】数值为-20。

①设置

①设置

04 设置完成后，单击【确定】按钮，关闭Camera Raw对话框应用参数设置。

10.3.4 调整色相和色调

在【基本】面板中对色调进行调整后，可以单击【色调曲线】标签，打开【色调曲线】面板对图像进行微调。

单击【点】选项卡，可以使用Photoshop中的【曲线】命令的调整方式进行调整。

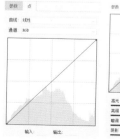
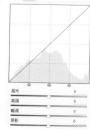

默认显示的是【参数】选项卡，此时可拖动【高光】、【亮调】、【暗调】或【阴影】滑块对这几个参数进行微调。向右拖动滑块时，曲线上扬，所调整的色调会变亮；向左拖动滑块时，曲线下降，所调整的色调会变暗。这种调整方式，可以避免由于调整强度过大而损坏图像。

【例10-5】调整照片的色相和色调。
视频+素材 (光盘素材\第10章\例10-4)

01 在Camera Raw对话框中打开一幅图像文件。

02 在【基本】面板中，设置【曝光度】数值为0.45，【对比度】数值为10，【清晰度】数值为35。

03 单击【色调曲线】标签，切换到【色调曲线】面板，在【参数】选项卡中设置【亮调】数值为15，【暗调】数值为40。

04 单击【点】选项卡，在【通道】下拉列表中选择【蓝色】选项，并调整蓝通道的曲线形状。

05 在【通道】下拉列表中选择【绿色】选项，并调整绿通道的曲线形状。

06 设置完成后，单击【确定】按钮，关闭Camera Raw对话框应用参数设置。

10.3.5 对照片进行锐化、降噪

锐化和降噪是一种修饰技巧。用户可打开Camera Raw对话框后，选择【细节】面板中的各项参数调整数码照片的锐化和降噪程度。

在【细节】面板中，包括【锐化】与【减少杂色】两个选项组，其具体参数与

作用如下。

🔵 锐化：该选项组中包括【数量】、【半径】、【细节】和【蒙版】4个设置选项。【数量】用于调整图像边缘的清晰度；【半径】用于设置锐化的程度；【细节】用于设置细节部分的锐化程度；【蒙版】用于为图像创建一个边缘蒙版，使锐化主要应用于图像边缘，从而减轻对非边缘区域像素的锐化。

🔵 减少杂色：该选项组中的选项用于降低照片中的噪点，包括设置【明亮度】和【颜色】参数。其中，【明亮度】选项用于调整或降低数码照片中的灰色噪点；【颜色】选项用于调整数码照片中随机分布的色彩噪点。

【例10-6】对照片进行锐化和降噪。
🔘 视频+素材 (光盘素材\第10章\例10-6)

01 在Camera Raw对话框中打开一幅图像文件。

02 在【基本】面板中，设置【曝光度】数值为1，【阴影】数值为80。

03 单击【细节】标签，切换到【细节】面板，在【锐化】选项组中设置【数量】为100，【半径】为3，【细节】为100，【蒙版】为0。

04 在【减少杂色】选项组中设置【明亮度】数值为80，【明亮度细节】数值为100，【颜色】数值为100。

05 设置完成后，单击【确定】按钮，关闭Camera Raw对话框，应用参数设置。

10.4 使用【Camera Raw】修饰图像

在Camera Raw对话框中，提供了一组工具按钮，使用这些工具可以修饰图像上的瑕疵，为图像添加氛围。

10.4.1 使用【污点去除】工具

使用Camera Raw对话框中的【污点去除】工具可以修复、仿制图像中选中的区域。

- ▶

【例10-7】使用【污点去除】工具修饰图像画面。

🔘 视频+素材 (光盘素材\第10章\例10-7)

◀ -

01 在Camera Raw对话框中打开一幅素材图像。

02 选中【污点去除】工具，在右侧面板中的【类型】下拉列表中选择【仿制】选项，设置【大小】数值为5，【羽化】数值为0，然后使用【污点去除】工具涂抹需要仿制的位置。

03 释放鼠标，拖动仿制源处的绿色控制柄，使用仿制源处的图像遮盖原位置。

04 使用相同的方法，在画面中需要去除的位置涂抹，并选择仿制源位置。

05 在右侧面板中的【类型】下拉列表中选择【修复】选项，设置【大小】数值为

35，【羽化】数值为50，然后使用【污点去除】工具涂抹需要修复的位置。

06 释放鼠标，拖动仿制源处的绿色控制柄，使用仿制源处的图像修复原位置。

07 使用相同的方法，在画面中需要修复的位置涂抹，并选择仿制源位置，然后取消选中面板中的【显示叠加】复选框，查

看图像效果。

08 设置完成后，单击【确定】按钮，关闭Camera Raw对话框应用参数设置。

10.4.2 使用【目标调整】工具

使用【目标调整】工具在图像上单击，可以调整单击点的曝光度、色相、饱和度和明度等参数。

【例10-8】使用【目标调整】工具制作色彩抽离效果。

🎬视频+素材 (光盘素材\第10章\例10-8)

----

01 在Camera Raw对话框中打开一幅素材图像。

02 在对话框中，单击【在"原图/效果图"视图之间切换】按钮切换视图。

03 在工具栏中单击【目标调整】工具，从弹出的下拉列表中选择【饱和度】选项。

04 使用【目标调整】工具在照片中绿色背景处单击，并向左拖动鼠标，降低单击点处颜色的饱和度。

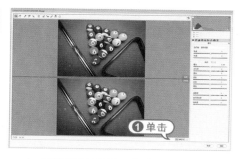

05 在对话框中的【HSL/灰度】面板中，单击【明亮度】选项卡，设置【绿色】和【浅绿色】数值均为100。

06 设置完成后，单击【确定】按钮，关闭Camera Raw对话框应用参数设置。

10.4.3 使用【变换】工具

使用【变换】工具可以校正照片拍摄

时的倾斜和镜头变形，并可改变图像的长宽比缩放图像。

【例10-9】使用【变换】工具修饰图像。
🎬视频+素材▸(光盘素材\第10章\例10-9)

01 在Camera Raw对话框中打开一幅图像素材。

02 在对话框的工具栏中选择【变换】工具，在【变换】面板中选中【网格】复选框，并将其右侧的滑块向右拖动放大网格大小。

03 在对话框中，设置【垂直】数值为-70，【长宽比】数值为-20，【缩放】数值为117，【纵向补正】数值为0.9。

04 设置完成后，单击【确定】按钮，关闭Camera Raw对话框应用参数设置。

10.4.4 使用【调整画笔】工具

【调整画笔】工具的使用方法是先通过蒙版将图像上需要调整的区域覆盖，然后隐藏蒙版，再调整所选区域的色调、色彩饱和度和锐化。

【例10-10】使用【调整画笔】工具修饰图像。
🎬视频+素材▸(光盘素材\第10章\例10-10)

01 在Camera Raw对话框中打开一幅素材图像。

02 在对话框的工具栏中选择【调整画笔】工具，选中【蒙版】复选框，设置【大小】数值为10，【羽化】数值为50，【浓度】数值为30，然后使用【调整画笔】工具在照片中的人物逆光部分涂抹添加蒙版。

03 取消选中【蒙版】复选框，设置【曝光】数值为4.00，【高光】数值为-100，【阴影】数值为100。

04 设置完成后,单击【确定】按钮,关闭Camera Raw对话框应用参数设置。

10.4.5 使用【渐变滤镜】工具

使用【渐变滤镜】工具可以处理局部图像的曝光度、亮度、对比度、饱和度和清晰度等。

- -

【例10-11】使用【渐变滤镜】工具修饰图像。
📀视频+素材 (光盘素材\第10章\例10-11)

◄ -

01 在Camera Raw对话框中打开一幅素材图像。

02 在对话框的【基本】面板中,设置【曝光】数值为0.35,【阴影】数值为100。

03 在对话框中,打开【色调曲线】面板。打开【点】选项卡,在其中调整RGB通道的曲线形状。

04 选择【渐变滤镜】工具在画面底部单击并向上拖动鼠标添加渐变,在【渐变滤镜】面板中设置【色温】数值为-40,【色调】数值为80。

进阶技巧

在画面中,绿点及绿白相间的虚线是滤镜的起点,红点及红白相间的虚线是滤镜的终点,黑白相间的虚线是中线;拖动绿白、红白虚线可以调整滤镜范围或旋转滤镜;拖动中线可以移动滤镜。单击一个渐变滤镜将其选中后,可以调整参数,也可以按下Delete键将其删除。按下Alt+Ctrl+Z键可逐步撤销操作。使用【目标调整】工具、【污点去除】工具、【调整画笔】工具时也可以使用该快捷键撤销操作。

05 继续使用【渐变滤镜】工具在画面右上角单击并向下拖动鼠标添加渐变。

06 设置完成后,单击【确定】按钮,关闭Camera Raw对话框应用参数设置。

10.4.6 使用【径向滤镜】工具

使用【径向滤镜】工具可以调整照片中特定区域的色温、色调、清晰度、曝光度和饱和度，突出照片中想要展示的主体。

- ▶

【例10-12】使用【径向滤镜】工具修饰图像。
🎬视频+素材 (光盘素材\第10章\例10-12)

◀- -

01 在Camera Raw对话框中打开一幅素材图像。

02 选择【径向滤镜】工具在画面中单击并拖动创建一个椭圆形的范围框。

进阶技巧

单击并拖动滤镜的中心可以移动滤镜。拖动滤镜的4个手柄可以调整滤镜的大小，在滤镜边缘拖动则可以旋转滤镜。

03 在【径向滤镜】面板中，设置【色温】数值为-15，【色调】数值为35，【曝光】数值为-1.80，【白色】数值为20，【清晰度】数值为-100。

04 设置完成后，单击【确定】按钮，关闭Camera Raw对话框应用参数设置。

10.5 进阶实战

本章的进阶实战部分通过使用【Camera Raw滤镜】命令调整照片效果的综合实例操作，使用户通过练习从而巩固本章所学知识。

- ▶   🎬视频+素材 (光盘素材\第10章\例10-13)

【例10-13】使用【Camera Raw滤镜】命   ◀- -
令调整照片效果。

01 在Photoshop中，打开一幅照片图像，并按Ctrl+J键复制【背景】图层。

02 选择【滤镜】|【Camera Raw滤镜】命令，打开Camera Raw对话框。

03 在对话框中，选中【变换】工具，在右侧的【变换】面板中单击【纵向：应用水平和纵向透视校正】按钮。

04 在【变换】面板中，设置【垂直】数值为40，【长宽比】数值为-100，【缩放】数值为108，【横向补正】数值为-10，【纵向补正】数值为15。

05 在对话框中，选中【缩放】工具。在显示的【基本】面板中，设置【曝光】数值为-0.15，【对比度】数值为45，【高

光】数值为-9，【阴影】数值为79，【白色】数值为30，【黑色】数值为-20。

06 在对话框中，单击【HSL/灰度】标签，切换到【HSL/灰度】面板。单击【饱和度】选项卡，设置【红色】数值为-100，【黄色】数值为-68，【绿色】数值为-100，【浅绿色】数值为-100，【蓝色】数值为-84。

07 在【HSL/灰度】面板中，单击【明亮度】选项卡，设置【浅绿色】数值为-78，【蓝色】数值为-30。

08 在对话框中，单击【细节】标签，切换到【细节】面板，在【锐化】选项组中设置【数量】数值为115，【细节】数值

为20。

09 在对话框中，单击【效果】标签，切换到【效果】面板，在【裁剪后晕影】选项组中设置【数量】数值为-45，【中点】数值为65。

10 在对话框中，选中【调整画笔】工

具，在右侧面板中，设置【饱和度】数值为-90，【大小】数值为15，【羽化】数值为30，然后使用【调整画笔】工具涂抹背景中需要调整的区域。

11 设置完成后，单击【确定】按钮，关闭Camera Raw对话框。

10.6 疑点解答

● 问：查看Camera Raw中的直方图？

答：Camera Raw对话框右上角是当前图像的直方图。它由三层颜色组成，分别代表红、绿和蓝通道。直方图中的白色表示这三个通道重叠。当两个RGB通道重叠时会显示黄色、洋红色或青色(黄色等于红+绿通道，洋红色等于红+蓝通道，青色等于绿+蓝通道)。

调整图像时，直方图会更新。如果直方图的两个端点出现竖线，表示图像中发生了修剪。即过亮的值输出为白色，修剪过暗的值输出为黑色，结果就是导致图像的细节丢失。单击直方图上面的阴影图标，会以蓝色标识阴影修剪区域；单击高光图标，则以红色标识高光修剪区域。再次单击相应的图标可取消剪切显示。

　　◆┥问：如何使用Camera Raw中的预设？

　　答：在Camera Raw对话框中，可以将当前的操作设置创建为预设。用户可以通过预设快速调整照片的设置。在Camera Raw对话框中，打开一幅照片。单击【预设】标签，打开【预设】面板。单击面板底部的【新建预设】按钮，打开【新建预设】对话框。在对话框的【名称】文本框中输入"预设1"，然后单击【确定】按钮，即可新建预设。

　　在Camera Raw对话框中，继续调整图像效果。然后在【预设】面板中，单击【预设1】时，可以恢复创建【预设1】时的图像状态。